巨人的餐桌

刘兴诗 | 著

LIU XINGSHI YEYE JIANG KEXUE
刘兴诗
爷爷
讲科学

黑龙江少年儿童出版社

图书在版编目（ＣＩＰ）数据

巨人的餐桌 / 刘兴诗著. -- 哈尔滨 ： 黑龙江少年
儿童出版社，2020.6
（刘兴诗爷爷讲科学）
ISBN 978-7-5319-6173-4

Ⅰ．①巨… Ⅱ．①刘… Ⅲ．①自然地理－儿童读物
Ⅳ．①P9-49

中国版本图书馆CIP数据核字(2020)第064201号

刘兴诗爷爷讲科学

巨人的餐桌
Juren De Canzhuo

刘兴诗 | 著

出 版 人：商　亮
项目策划：顾吉霞
责任编辑：顾吉霞　张　喆
责任印制：姜奇巍　李　妍
整体设计：文思天纵
插　　画：一超惊人工作室
出版发行：黑龙江少年儿童出版社
　　　　　（黑龙江省哈尔滨市南岗区宜庆小区8号楼 邮编：150090）
网　　址：www.lsbook.com.cn
经　　销：全国新华书店
印　　装：北京博海升彩色印刷有限公司
开　　本：787 mm×1092 mm　1/16
印　　张：8
字　　数：110千字
书　　号：ISBN 978-7-5319-6173-4
版　　次：2020年6月第1版
印　　次：2020年6月第1次印刷
定　　价：28.00元

目录

数 星星

《哇啦哇啦报》消息，信不信由你

想一想 猜一猜

- 老奶奶的话没准儿是真的。只要知道世界上有多少人，就可以知道天上有多少颗星星了。

- 老爷爷说得也没错。诸葛亮快死的时候，天上的将星不是摇摇欲坠吗？

- 密密麻麻的星星根本数不清。

- 慢慢数吧，总会数清的。

天黑了，我坐在院子里数星星。一颗，两颗，三颗，四颗……十七颗，十八颗……一百颗……

哎呀，天上的星星太多了，怎么数也数不清。数了一会儿，脑袋就迷糊了。

白头发老奶奶说："傻孩子，别数啦。天上一颗星，地上一个丁。只要数一数地上有多少人，就知道天上有多少颗星星了。"

吧嗒着旱烟的老爷爷，放下手里的烟袋说："这话不错，每个人

我是小小科学家

天上的星星数得清，也数不清。

为什么这样说呢？因为宇宙是无限的，人类目前只能探索其中很小的一部分，所以整个宇宙里的星星怎么能数得清呢？若是只统计人们肉眼所能看见的星星，星星的数量是数得清的。

常言道，世上无难事，只怕有心人。在有心人面前，什么事情办不到？古希腊天文学家喜帕恰斯就非常认真地数过星星。他把肉眼可以看见的星星分成6等。最亮的1等星只有20颗，2等星46颗，3等星134颗，4等星458颗，5等星1476颗，最黯淡的6等星4840颗，全部加起来，约有6000颗星星。

现在的天文学家把星空划分成一个个方格，架起能够看见更多星星的望远镜仔细观察。即使最小的望远镜也能看见50000多颗星星，如果使用最大的天文望远镜，就可以看见10亿多颗星星。随着科学技术的发展，人们用照相机配合巨大的天文望远镜，把星空一片片拍摄下来，在照片上面进行仔细地计算，到目前为止，人们通过这种方式观测到了非常黯淡的第23等星。

都有自己的本命星。这是一辈辈传下来的老话。老祖宗说的话，谁敢不信呢？"

? 学到了什么

▶ 夜空里的星星非常多，肉眼可见的星星约有6000颗。

过期彩票的价值

《哇啦哇啦报》消息，信不信由你

据说，有一年的 4 月 10 日，一架从马绍尔群岛飞往檀香山的飞机起飞前，机上的一位旅客到附近的花旗银行兑换货币，他瞧见一位老太太手里拿着一张彩票，哭得非常伤心。原来这张彩票的最后兑奖期限是 4 月 9 日，现在已经过期。白白损失了 8000 美元奖金，她怎么能不难过呢？

这位旅客问清楚情况后，安慰她说："别难过，只要您同意，我愿意用 3000 美元买下您这张作废的彩票。"老太太一听，心想：这张作废的彩票反正已经没有任何价值了。于是她就同意了。这件事让旁边的人感到很纳闷儿，纷纷用异样的目光望向他，不知道他为什么这么做。他却不顾别人怀疑的目光，立刻付清了钱，从老太太手里买下这张过期的彩票，高高兴兴地上了飞机，似乎吃亏的并不是自己。请问，他为什么这么做，他真的是傻瓜吗？

想一想 猜一猜

- 他是一个疯子。
- 他是一个慈善家。

我是小小科学家

现在让我们来说说这个故事的结局吧。飞机到达檀香山后，他立刻赶往花旗银行，笑嘻嘻地拿出那张彩票。银行职员看到彩票后，立刻恭喜他说："祝贺您，获得了8000美元的大奖。"

　　咦，这是怎么回事呢，是不是银行职员弄错了日期？

　　不，日期一点儿也没有错。抬头看看墙上的日历，显示兑奖的最后期限是4月9日。

　　原来飞机飞过了太平洋，穿越了日界线，日界线又叫作国际日期变更线。按照规定，凡越过这条变更线时，日期都要发生变化；从东向西越过这条界线时，日期要加一天；从西向东越过这条界线时，日期要减去一天。这架飞机从西边的马绍尔群岛飞向东边的檀香山，日期要减去一天，正好能赶上檀香山的4月9日，所以当然能够兑换彩票了。

? 学到了什么

▶ 日界线在太平洋中间180°经线附近。为了方便计算日期，规定由西向东穿过日界线要减去一天，由东向西穿过日界线则要加一天。

圆溜溜的石蛋

《哇啦哇啦报》消息，信不信由你

放羊娃带回来的消息，很快就传遍了整个村子。

他神秘兮兮地问大家："你们猜，我看见了什么？山上有许多奇怪的石蛋。"

一个小伙伴问他："是真的吗？"

放羊娃发誓说："当然是真的！谁还骗你不成。"

另一个孩子好奇地问："是不是像鸡蛋一样是椭圆形的？"

放羊娃说："是呀，要不，这些石头怎么叫作'蛋'呢？"

第三个孩子问："你看见的石蛋有多大？不如煎几个荷包蛋，咱们一人吃一个。"

放羊娃摇了摇脑袋，说："那么大的蛋，一群牛也吃不下。几个人怎么吃得下？"

哎呀！孩子们听他这么一说，全都惊讶得张大了嘴巴，不知道他看见的蛋到底有多大。到底应不应该相信他呢？

想一想 猜一猜

- 那是不是鸵鸟蛋的化石？
- 那是不是恐龙蛋的化石？
- 那可能是大自然的杰作，根本就不是动物的蛋。

我是小小科学家

这个放羊娃并没有说假话。他看见的不是鸵鸟蛋，也不是恐龙蛋，而是一种天然的石蛋。这种石蛋大的直径有十几米，小的直径也有几十厘米。这么大的"蛋"就算煎熟了，谁又能吃进肚子里？

天然石蛋是因为球状风化形成的。一些暴露在外面的岩石，经过长期的热胀冷缩，表面渐渐一层层地崩解剥落，促进了球状风化的形成，慢慢就变成这样的天然石蛋了。

是不是所有的岩石都能形成石蛋？

不，只有某些比较厚、交叉裂隙比较发达的岩体，才有可能沿着裂隙不断深入风化崩解，慢慢形成这样的石蛋。太软的岩石不容易形成石蛋。在自然界里，花岗岩形成的石蛋比较多，厚层砂岩形成的石蛋也不少。

花岗岩和厚层砂岩都容易形成这种石蛋。

? 学到了什么

▶ 圆溜溜的石蛋是球状风化的结果。一些比较厚的岩石经过长期的风化剥蚀，就变成圆溜溜的石蛋了。

天空中的"牛奶路"

看哪，夜空里横卧着一条淡淡的银河。

银河是什么？

一个乡下老奶奶说："就是天河呀！那是王母娘娘的发簪划出来的。牛郎和织女被隔在天河的两边，一年才能见一面。"

银河是什么？

一个外国的老奶奶说："那是天后赫拉的奶水呀！她给孩子喂奶的时候，一不小心把奶水溅到了天空中，就变成了一条闪亮的银河。"

银河是什么？

一个孩子说："银河就是一条

想一想 猜一猜

- 银河就是天上的河流。
- 银河是水汽蒸腾形成的。
- 银河里有许多星星。

我是小小科学家

银河不是河，而是数不清的星星聚集在一起，形成了一条名副其实的"星星河"。

银河不是真正的"河"。

人们上了眼睛的当。我们看见的银河，只是它的侧面形状。因为我们在银河里面，看不见银河的全貌，所以只能瞧见它的侧面像是一条河。

银河真实的形状像运动场上的铁饼——中间厚、两边薄，最厚的地方大约有6000光年，从一边到另一边，大约有30万光年。如果以它最外面的"花边"银晕来算，就有60多万光年了。光线每秒可以行进30万千米。请你算一算银河有多大吧。

银河系里至少有几千亿颗恒星，有许多星团、星云，还有各种类型的星际气体和星际尘埃。太阳系也在银河系里。和庞大的银河系相比，地球连一粒灰尘也算不上。

在浩瀚无边的宇宙里，还有许多星系。银河系只是浩瀚宇宙里一个小小的"岛"而已。

河呗。我想划一艘小船，顺着银河划进天国花园里。"

银河是什么？

一个孩子说："银河里装满了牛奶。我刚刚学了英语，银河叫作'Milky Way'，那不就是一条'牛奶路'吗？我想泡在银河里，喝香喷喷的牛奶。"

? 学到了什么

▶ 银河不是河，是密密麻麻的星星聚在了一起。太阳系在银河系里。宇宙里有许多星系，宇宙真大呀！

大道无形的 都江堰

都江堰是世界文明古国中硕果仅存的水利工程，经过 2000 多年的漫长历史，至今还在造福人民。

我读了历史，非常仰慕都江堰的

想一想 猜一猜

- 经过 2000 多年，大坝早就塌了。
- 这是战争破坏的结果。
- 走错地方了，真正的都江堰不在这儿，去别处找吧。
- 是不是魔术师把它变没了？
- 没准儿原本就没有大坝呢？

我是小小科学家

都江堰妙就妙在既没有雄伟的大坝，也没有排沙设施。看起来什么东西也没有，却照样能起到应有的作用，这难道不是很神奇吗？

说到这里，我们首先要弄明白，当时修建都江堰是用来做什么的。

那时候人们还没有电力，防洪的观念也和现在不一样，相较于鲧使用的"堵"的办法，人们更认同他的儿子大禹治水时使用的"疏"的办法。既然是这样，劳民伤财修造一道大坝有什么用处，难道是为了满足后来的游客在这儿拍照片留念吗？中国有一句古话，叫作"大道无形"。都江堰不正是体现了这种精神吗？

李冰当时设计修建都江堰的目的是什么？主要为了防洪、灌溉和航运。出于这个目的，只要水流畅通就行了，何必耗费那么大的力气修建一道巍峨的大坝呢？

你看，岷江从这儿出山，分成许多支流，顺着山前一个巨大的冲积扇，朝成都平原各处流去。李冰利用这一地势疏通了一些天然河床，又开凿了一些灌溉渠，把江水分流到平原的各个角落，这样不仅可以消除洪水的威胁，还能灌溉田野，根本就用不着修造只是看着好看，当时却毫无用处的大坝。

妙，实在是妙！没有大坝的都江堰真是妙极了！

大名，于是不远千里，来到这里参观。一路上，我心想：这儿必定有一道雄伟的大坝，江水像瀑布一样从排水孔里哗啦啦地流出来，气势壮观无比。一会儿可得好好摆姿势，在这儿"咔嚓咔嚓"拍几张照片带回去，好展示给别人看，自己也不虚此行。

啊，想不到我来到这里举目望去，不禁有些失望。

这是怎么回事？为什么没有想象中的大坝，也没有什么显眼的工程设施，难道是我走错地方了吗？

❓ 学到了什么

▶ 都江堰利用山前冲积扇的天然水网，完成了防洪、灌溉、航运的任务，直到今天还发挥着重大作用。

都江堰的自动化

《哇啦哇啦报》消息，信不信由你

我在都江堰看哪看，看出了一个问题。

世界上大型的水利工程一般都有专门的排沙渠道，排泄出的滚滚黄流也是一道特殊的风景线。我从很远的地方赶来，看不见雄伟的大坝，不免感到有些遗憾。哪怕有一股滚滚的黄流当背景，拍一张照片也好。可是我在这儿找了一遍又一遍，找遍了所有的角落，也没找到排沙的设施在哪里，心里感到非常困惑。

我找得满头大汗，路上遇着的一个小伙子也找得汗水直流。

我问他："你丢失了什么东西吗？"

他说："不，我是在找都江堰的排沙设施。"

原来他是水利工程专业的博士生，脑袋里装的都是现代水利工程的理论。在他看来，一个大型水利工程不修造排沙设施，就是一个不完善的工程。想一想，上游河水带来的泥沙如果不排出去，堵塞了可怎么办？

是该给李冰打一个不及格的分数，还是该给这个小伙子打不及格呢？

想一想 猜一猜

- 李冰没有学过现代水利工程理论，不懂大型水利工程需要建造排沙渠道。
- 这个小伙子不懂李冰设计的奥妙。

我是小小科学家

李冰设计的都江堰是怎么排沙的？原来他利用了河床里水内环流的自然原理，不费吹灰之力就解决了这个问题。

水内环流是怎么回事？这是河道水流动力学问题，也是物理学问题。

当河水流到弯曲的河道时，由于水流的惯性，含泥沙少的表面水流总会笔直地冲向河流的凹岸。遇着凹岸的阻挡，河水便转一个圈，顺着水底流向对面的凸岸。河水在河床里不停地绕着圈往下流，就形成一个个水内环流了。

李冰非常聪明地把都江堰的进水口设置在河流凹岸，这样河水流进来的泥沙很少，就解决了泥沙多的难题。

说到这里，人们会问："尽管用这个办法带进来的泥沙量很少，可是难免还有一些泥沙！时间长了，泥沙就会一点点堆积起来，李冰是怎么解决这个新问题的？"

这好办！李冰根据水内环流原理解决了这个问题。当携带泥沙的河底水流流向凸岸的时候，在那里设计一个很低的缺口，叫作飞沙堰。洪水季节，泥沙比较多的时候，携带泥沙的河底水流从这里漫溢出去，不费半点儿力气，依据自然原理排出了多余的泥沙。

现代化的大型水利枢纽，为了解决泥沙问题，不知要耗费多少钱兴建宏伟的排沙渠道。想不到都江堰的设计，采用了这种"天然自动化"的办法，顺利地解决了这个难题。请问，到底是李冰这门功课不及格，还是那个小伙子不及格？

? 学到了什么

▶ 河床里的水内环流，使得清水冲向凹岸，含泥沙多的河水流向凸岸。李冰利用这个原理解决了排沙的问题。

"洋"和"海"的争论

"洋"和"海"的争论

《哇啦哇啦报》消息，信不信由你

本报记者瞧见几个孩子站在路边争论，觉得很有趣，就把他们的争论过程记录了下来。

第一个孩子问："世界上有几大洋？"

第二个孩子说："哼，谁不知道，世界上有四大洋啊！"

第一个孩子再问："哪四个大洋？"

第二个孩子撇了撇嘴，说："哼，这样的问题难不住我。谁不知道就是太平洋、大西洋、印度洋和北冰洋。"

第一个孩子得意扬扬地说："你错了！珠江口还有一个伶仃洋。加起来就是五大洋啦。"

第二个孩子不服气地说："你

想一想 猜一猜

- 世界上只有四大洋。
- 如果带"洋"字的都算是洋的话，那么世界上的洋就多得数也数不清了。
- 有一个吃奶的娃娃叫洋洋，算不算？

说的这个伶仃洋不算数，地理课本上只有四大洋。"

第一个孩子辩解说："只要带一个'洋'字就是洋。伶仃洋正儿八经地叫作'洋'。文天祥还有一首诗里说'零丁洋①里叹零丁'。有诗为证，为什么它不能算是洋？"

---

① "零丁洋"是伶仃洋的旧称。

我是小小科学家

"洋"和"海"有什么差别？

"洋"比"海"大，这就是二者的区别。

"洋"不仅比"海"大，二者还有等级的差别。"洋"是第一级，"海"是第二级。例如渤海、黄海、东海和南海，都是太平洋的一部分，所以只能叫作"海"，不能叫作"洋"。"洋"和"海"是固定的海区，"北洋"和"南洋"不是专业的地理学名词，只是泛指一些海域，不能算。伶仃洋、王盘洋一类的，只是局部海区的地方名称，也不能算是真正的洋。至于太平洋浴池一类的名字，也想沾上"洋"的边，就实在太搞笑了。

旁边的一个孩子听见了，插嘴道："照这么说，杭州湾的王盘洋也是洋啊，世界上就有六大洋了。"

还有一个孩子补充说："从前有一个北洋舰队，可见还有北洋。"

又一个孩子说："人们常常说的'下南洋'，也该算是洋。"

旁边一个孩子笑嘻嘻地说："哈哈！这么说咱们家门口的太平洋浴池，也算得上是洋喽。世界上就有五大洲、九大洋了。"

几个孩子争来争去，谁也说服不了谁。

❓ 学到了什么

▶ "洋"和"海"都是科学名称。"洋"的面积比"海"大，等级也更高一些。

形形色色 的海

《哇啦哇啦报》消息，信不信由你

说完了"洋"和"海"，路边那几个孩子还是有些不明白。嘴里嘀咕着："说'洋'比'海'大，这倒容易理解。可是'海'也有大有小，有不同的形状，是不是也要进一步划分呢？"

一个孩子说："就叫大海、中海和小海呗。"

哈哈！大家笑坏了。海洋又不是幼儿园，分为大班、中班和小班，哪会分什么大海、中海和小海？

另外一个孩子说："不同的海，形状不一样，是不是应该分为方海、圆海和三角海？"

哈哈！大家笑弯了腰。海洋又不是方桌、圆桌，哪有什么方的、圆的和三角的？

几个孩子笑够了，但心里的疑惑还在。世界上的海各不相同，总不能都叫一个名字吧？

💡 想一想 猜一猜

- 按照海的大小，分为大海、中海、小海，没有错呀！
- 按照海的形状，分为方海、圆海、三角海，又有什么不对呢？
- 是不是应该按照颜色分为蓝海、红海、黄海、白海和黑海？
- 是不是应该按照距离大陆的远近，分为近海和远海？
- 海洋科学家是不是有什么我们不知道的划分方法？

我是小小科学家

在这些回答里，按照海洋和大陆的关系来划分有些道理，不过不是以海洋距离陆地的远近来分类，而是根据海陆之间的关系来分类。

首先以地中海为例。为什么它叫这个名字呢？因为它在陆地中间，四面都被陆地紧紧地包围着，只通过西面的直布罗陀海峡与大西洋相连。

话说到这里，准有人会不服气地问："世界上的大陆都被海洋包围着，为什么不叫'洋中陆'呢？"

噢，不，大洋和大陆是最基本的单位，不提"洋中陆"或者"陆中洋"。"海"比"洋"小，是次一级的单位。所以欧洲、非洲和亚洲大陆中间的一片海洋，就叫地中海。

渤海也有三面被陆地包围着，为什么不叫地中海呢？

不，渤海并没有完全被陆地围住，东边还有一个比较大的缺口，和缺口很小的地中海不一样，这种海叫作内海。

那么，黄海、东海和南海呢？

它们都在大洋的边缘，叫作边缘海。

说到这儿，没准儿有人会问："既然有地中海，那有没有'海中海'呢？"

有哇，太平洋上的珊瑚海，因为周围有许多小岛把它和大洋隔开，就形成了一个"海中海"。它正确的名字是岛间海。

❓ 学到了什么

▶ 世界上的海，根据海陆之间的关系，分为地中海、内海和边缘海。在大洋中间，还有岛屿围绕的岛间海。

掉队的 标志塔

《哇啦哇啦报》消息，信不信由你

有些建筑物也会"走路"。当然，这不是真正的走路，而是离开了它原来的位置。

台湾嘉义的北回归线标志塔就是其中之一。这座塔是 1908 年（清光绪三十四年）建造的，有 20 多米高，是一个塔形的石碑建筑。碑顶有东西、南北和水平相交叉的 3 个圆环，石碑四面雕刻着"北回归线标志" 6 个大字。碑脚的石台上刻有"北纬 23° 27′4.51″""东经 120° 24′ 46.50″"等字样。它不仅是我国，也是世界上第一座北回归线标志塔。按说，它应该老老实

想一想 猜一猜

- 可能这座标志塔原本就没有建在北回归线上。
- 可能是北回归线在移动。
- 是不是地震或者滑坡，使地面移动，它也跟着移动了？
- 是板块漂移的结果吧？

实地待在原来的位置才对。可是经过科学家仔细考察后，发现它已经偏离北回归线足足 1179 米了，真奇怪呀。

 我是小小科学家

北回归线标志塔并没有移动，移动的是北回归线本身。位置发生变化的也不只是嘉义的这一座，其他北回归线标志塔也有同样的情况。

　　问题出在地球身上。

　　地球在围绕太阳运动的黄道上，是倾斜着运转的。地球本身的赤道和黄道有一个大约23° 26′ 的夹角，在南、北纬23° 26′ 形成了南、北两条回归线。

　　可是由于黄道和赤道的平面受到太阳、月亮和其他星星的摄动，黄赤交角也随着不断发生轻微的变化，这样一来，地球表面的回归线也就跟着移动了。

　　经过测量，现在北回归线大约每年向南移动14米。这可不是一个小数目，经过日积月累，数目就相当大了。

? 学到了什么

▶　北回归线的位置不是一成不变的。因为黄道和赤道的平面受其他天体摄动作用的影响，黄赤交角会微微变化，北回归线的位置当然也随之变化。

李白说海水的来历

《哇啦哇啦报》消息，信不信由你

海水是从哪里来的？

一个人端着酒杯说："问李白吧，他知道。"

李白是浪漫主义诗人，不是科学家。他真的知道海水的来历吗？

那个人美滋滋地喝了一口酒，回答说："这还用说吗？他说过：'君不见黄河之水天上来，奔流到海不复回。'不就是说天上的水先变成河水，再流进大海，变成了海水吗？"

他说的对吗？请大家议一议吧。

想一想 猜一猜

- 他喝醉了，别信他的醉话。
- 这个人准是崇拜李白，才拼命宣传李白的作品。
- 谁说诗人不懂科学？李白没准儿也是科学家。
- 常言道，井水不犯河水。海水就是海水，与天上的水有什么关系？
- 别瞧他醉醺醺的，心里可明白着呢。李白这句话，没准儿也有些道理。

我是小小科学家

李白没有说错。李白只用简单的一句话，就描绘了地球上的水进行大循环的大致图景。天上的雨水落下来，变成了河水，河水流进大海，岂不就变成了海水。

为什么说是大致的图景呢？因为他只说明了雨水变河水，河水变海水，可水的大循环还有一半没有说。

他没有说大海里的水被蒸发，变成了水蒸气，再变成雨水落到地上的。此外还有地面水变成地下水，地下水露出成了地面水以及雨水直接落进大海等形式。

李白这样说，可以得100分吗？

不，海水的来源还有一个说法，他还没有提起呢。

一些天文学家说，地球刚刚形成的时候，太空里的彗星带来了许多水，这也是海水的一个来源。

一些地质学家说，火山喷发出来大量的水蒸气，升腾到空中形成了浓密的云层，最后变成雨水落下来。这样日积月累，就形成了最原始的海洋。

这几个说法都对，把它们关联在一起，就是海水真正的来历。

? 学到了什么

▶ 海水的来历很多，有天文因素，也有地质和水文因素。

天生一座大石桥

《哇啦哇啦报》消息，信不信由你

**想一想
猜一猜**

- 东边山上的猴子在说谎。桥都是人造的，哪有什么天生桥。

- 这是不是一座云桥？一朵云搭在两边的山腰上，好像是一座白云桥。

- 这是一座美丽的彩虹桥吧？

- 这是不是牛郎织女相会的鹊桥？

- 这准是鲁班爷爷造的。要不，谁有这样的本领？

- 这必定是外星人的杰作，没准儿这里是他们的一个秘密基地。

- 这是大自然的作品。大自然变化多端，什么稀奇古怪的东西不能出现？

- 这是风景区专门制作的，好让天南海北的游客们看了开心。

东边山上有一只猴子，西边山上也有一只猴子。东边山上的猴子对西边山上的猴子说："过来玩吧，这儿的桃子可好吃啦！"

西边山上的猴子想去东边山上吃桃子，可是要怎么过去呢？

下了这座山，再爬上对面那座山吧。

哦，那可不成。两座山中间有一条河。河水湍急，没法儿游过去。

抓住这座山上的一根树藤荡过去吧。

哦，这也不成啊。哪有那么长的树藤，能够让猴子荡到对面的山上去。

这也不成，那也不成，西边山上的猴子急坏了。

东边山上的猴子说："嘻嘻，你真傻，山腰那儿有一座天生桥。你从桥上过来吧！"

我是小小科学家

这不是风景区的游乐设施，而是一座名副其实的天生桥，是"桥孔"下面的岩石崩塌形成的。

大自然本身就是最有本领的桥梁工程师，制造出许多天生桥。

你不信吗？请看张家界风景区里的一座天生桥吧。这座桥有50多米长、2米宽、5米厚，横跨在354米高的空中，胆小的人还不敢走过去呢。

这座天生桥是怎么形成的呢？这是由于流水冲蚀，加上岩石崩塌作用形成的。除此之外，还有因地下水溶蚀、沙漠风蚀、海边浪蚀以及冰川融化形成的各种各样的天生桥。

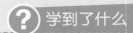 学到了什么

▶ 天生桥就是天生的，怎么会是人工制造的呢？

▶ 天生桥的种类很多。有因水流冲刷、地下水溶蚀、岩石崩塌形成的，还有因风蚀、浪蚀和冰川融化后形成的。想不到大自然建造了这么多的天生桥，我们也去发现一座吧。

五光十色的大海

《哇啦哇啦报》消息，信不信由你

记者在海边遇见了几个孩子，正在争吵。

一个孩子说："谁说大海是蓝色的？我看见了绿色的大海。"

另外一个孩子说："哇，我看见了黄色的大海。"

第三个孩子说："我看见了黑色的大海。"

第四个孩子说："我看见了红色的大海。"

第五个孩子说："我发誓，大海好像镜子一样，是银亮亮的颜色。"

第六个孩子说："别胡说八道了。大海当然是蔚蓝色的了。"

想一想 猜一猜

- 童言无忌，别信这些小孩的话。
- 做梦吧？梦里的天地是五光十色的。
- 是不是用水彩涂的？
- 可能海水真的是透明的吧？

最后一个孩子说："海水什么颜色也没有，是透明的。"

他们到底谁说得对，记者一下子也蒙了。

我是小小科学家

真有这回事？大海很大，什么情况不会发生？

我们都知道，太阳光有红、橙、黄、绿、青、蓝、紫七种颜色。它们的波长不一样，海水对不同颜色的光线吸收能力也不一样。有的很快就被吸收了，只有青色和蓝色被海水反射回来，所以大海看起来就是蓝幽幽的了。蓝色，是我们最常见的大海的颜色。

在靠近海岸边的浅水里，因为这里的海水不深，主要反射出绿色的光线，所以海水看起来是绿色的。

有的河流出海时带来了大量的泥沙，就把入海口的海水"染"黄了，因此海水看起来是黄色的。

在欧洲和亚洲之间的黑海，海水暗沉沉的，有些发黑。再加上天空经常阴沉沉的，映照着海水，海水的颜色就越发黑了，所以叫作黑海。

在非洲和亚洲之间的红海，海水有些发红。原来有许多红色的藻类生物漂浮在水上，海水就呈现出红色。

北冰洋上到处都漂浮着银光灿灿的冰块，一片白茫茫的，海水当然是白色的喽。

其实海水是透明的，什么颜色也没有。不信，你自己装一瓶海水看看吧。

? 学到了什么

▶ 海水本来是无色、透明的。孩子们在不同的地方看见不同颜色的大海，有的是太阳光反射的结果，有的是因为含有泥沙、海藻造成的。其实我们最常见的还是蓝色的大海。

会跳舞的大石头

《哇啦哇啦报》消息，信不信由你

在福建的东山岛上，有一块奇怪的风动石，是有名的"东山八景"之一。

这是海边的一块大石头，立在光秃秃的山坡上。大约有 4 米高、2000 吨重，上面刻着"风动石"三个大字。如果有一阵海风吹来，或者谁用手使劲推一下，石头就会和着风的韵律轻轻摇晃，就像是在跳舞。

不，它这么大的个头儿、这么沉重的身子，怎么能跳舞呢？

这是真的吗？

当然是真的！关于它跳舞的事情，还有一段民间传说。据说在明神宗时期，当地有一位进士老爷非常喜欢这块石头。有一天，他专门请了几位朋友到这里来，边欣赏石头边饮酒作诗。

一个诗人吟完诗，喝一口酒。

第二个诗人吟完诗，也喝了一口酒。第三个诗人站起来，兴致勃勃地端起酒杯，正要开口吟诗，想不到突然刮起一阵风，巨大的风动石摇摇晃晃，好像要倒下来似的。诗人们

想一想
猜一猜

- 这块石头准是妖精变的，要不然怎么会跳舞呢？

- 这是人工制造的不倒翁，是有人故意把石头弄成这个样子的。看起来像是天然的石头，实际上却是一个精心设计的不倒翁。

- 会不会是天上落下来的陨石？

- 会不会是海龙王送给人们的礼物？

- 准是外星人制造的玩具。

我是小小科学家

哈哈，你们都猜错了。它的确是一块天然的石头！地质学家告诉我们，这是球状风化的结果，是岩石沿着好几个方向破裂开而逐渐形成的。它有一个非常形象的名字，叫作石蛋。这样的石蛋很多，福建泉州的山坡上也有一个，取名为"碧玉球"。

有的石蛋底部是圆弧形状的，整个"身子"下重上轻，好像一个天然不倒翁。风吹一下，或者谁用手一推，就会来回摇晃。

吓得掉头就跑，不再吟诗，也不敢继续饮酒了。

从此，这里就留下了"石下难设宴，吟唱不出三"的趣谈。

? 学到了什么

▶ 球状风化的石蛋，如果底部是圆弧形状的，下重上轻，就可以像不倒翁一样摇晃了。

淹不死人的死海

《哇啦哇啦报》消息，信不信由你

你知道吗？成都附近出现了一个新的旅游景点，打着吸引人们眼球的广告：中国的死海。

死海就死海嘛，为什么说是"中国的死海"？

因为世界上还有一片鼎鼎有名的死海，位于约旦和巴勒斯坦之间。

死海，光听这个名字，就感觉很吓人。

是呀，不管什么东西带上一个"死"字，就显得非常不吉利。这一定是一片没有生机的大海。人们跳下去准会被淹死吧？要不，怎么叫这个名字呢？

信不信由你。中国的死海和西亚的死海一样，人跳下去不仅不会被淹死，还可以安安稳稳地漂浮在水面上，躺着看书、看报纸都可以。你想打一个盹儿也成。

想一想 猜一猜

- 嘻嘻，准是在说谎。

- 哼哼，好一个吹牛大王。

- 哈哈，这片海应该只有十多厘米深。

- 莫非是洗澡盆？

- 莫非人的身体下面垫了一块木板？

- 莫非是一个大胖子，身体的浮力特别大？

- 莫非人们有特异功能？

- 莫非下面藏着一只大海龟，把人们托了起来？

- 哇，人们的游泳技术真高超。

- 别东猜西猜了。说不定真有这回事。

我是小小科学家

这是真的!

不管是成都附近的死海,还是西亚的死海,里面都没有鱼虾,确实是死气沉沉的。其实它们不是真正的海,而是湖。在这两片死海里,的确不会淹死人。

为什么死海淹不死人?这和它的含盐度有关系。

以西亚的死海为例,它的含盐度非常高,相当于一般海水含盐度的七八倍。因为水的含盐度高,所以它产生的浮力也就很大,人躺在水面上绝对不会沉下去。人可以悠闲自在地躺在水面上,多有趣呀!

话说回来,尽管人们可以躺在水面上,但也不能泡得太久了。因为水里的盐分太多,泡久了会让人觉得有些难受。从死海里出来后,可不要忘记冲个澡。

死海里含有丰富的氯化镁、氯化钠、氯化钙、氯化钾、溴化镁和其他盐类,简直就是一个化学仓库。

说了半天,还得说一下"死海"这个名字的来历。

死海盐分太高,鱼没法儿生存。没有鱼,当然也就没有抓鱼吃的水鸟了。受到盐水的影响,沿岸草木也无法生长。死海的名字就是这样来的。

? 学到了什么

▶ 哎呀!想不到死海真的不会淹死人。我一定要去玩一玩。躺在水面上看《哈利·波特》,书中描写的那些稀奇古怪的故事会让人觉得是真的,那才带劲呢。

▶ 死海不会淹死人,是因为含盐度太高,盐的种类也特别多。在那儿开办一个化工厂,再好不过啦!

天上挂着三个太阳

《哇啦哇啦报》消息，信不信由你

哎呀！不得了，天上出现了三个太阳。

你看，一个太阳在东边，刚刚升出地平线，散发着红彤彤的霞光。

💡 想一想 猜一猜

- 俗话说，天无二日。准是看花了眼。

- 嘻嘻，这是骗人的鬼话，别信他。

- 这是太阳神的分身法。孙悟空会七十二变，难道太阳神就不会吗？

- 一个是真的太阳，没准儿另外两个太阳是外星人的飞碟呢？

- 这是不是一种特殊的光学现象？

- 这是不是两个红气球和太阳混在一起了？

另一个太阳在西边，紧紧地挨着地平线，眼看着火焰就要熄灭，沉下山头了；还有一个太阳在中间，好像挂在天上的红灯笼。看到三个太阳并排挂在天上，人们全都傻眼了。

16 世纪，德国的一个城堡遭到了敌人的凶猛围攻，眼看着就要被攻破了。谁知天空中忽然出现了三个太阳，双方的兵将都看得清清楚楚。守城的士兵想，准是上帝显灵，在耍自己。攻城的士兵想，也许是自己的行为惹怒了神灵，吓得他们连忙撤退，再也不敢攻打这座神灵庇护的城堡了。哈哈！简直令人笑疼了肚子。

相传夏桀（夏朝末代君王）在位的时候，天空中也曾经出现过两个太阳。一个在东边，刚刚升出地平线。一个在西边，已经紧紧地挨

我是小小科学家

这种现象一点儿也不稀奇，气象学家称之为"幻日"，是空气中的水汽折射出来的光晕。"幻日"常常发生在雨后。这时候空气中弥漫着的水汽好像一面面小镜子，在阳光的映照下，水汽产生了折射现象，把太阳的影子折射到天幕上，就形成使人迷惑的"幻日"。

"幻日"现象在寒冷的高山上或高纬度地区经常发生，空气中飘浮着许多六角形柱状的冰晶，就像是数不清的小小棱镜，能够产生折射现象，在太阳两边形成两个或者多个太阳的影像。有时候雨后的空中悬浮着许多水汽，也能产生同样的现象。由于空气中的冰晶和水滴有色散作用，有时"幻日"还是彩色的呢。

一般说来，在太阳外面可以形成一左一右两个"幻日"。随着太阳越升越高，两边的"幻日"距离真正的太阳越来越远，当太阳升到与地面60°左右的时候，"幻日"就会逐渐消失了。

着地平线，眼看着就要落山了。当时有一个叫冯夷的人解释说："东边的太阳欣欣向荣，代表东方的殷商；西边的太阳奄奄一息，代表快要灭亡的夏朝。"他的说法传开后，人们纷纷离开夏桀，去投奔兴兵讨伐他的商汤，夏朝很快就灭亡了。当然了，这只不过是一个巧合而已。

❓ 学到了什么

▶ 空气中的水汽能够令光线发生折射。

▶ 刚刚下完雨，空气中的水汽特别多。

▶ 雨后可能形成特殊的"幻日"现象。

雪花的形状

《哇啦哇啦报》消息，信不信由你

下雪了，一片片雪花飘落下来，落在屋顶上，落在小路上，落在大树和小树上，覆盖着大地，使大地变成了一个白色的世界。

雪花飞呀飞、飘哇飘，好像是一片片白色的花瓣，真好看。

一个孩子心想：它这样洁白，这样好看，模样像花瓣，名字里也有个"花"字，是不是从天国花园

想一想 猜一猜

- 雪花就是花。
- 雪花是棉花。
- 雪花是天上的神仙撒下的纸片。天上的神仙很有耐心，把那么多的纸片都剪成了六角形。
- 雪花不是花，是天空中的冰晶凝结成的。六角形的冰晶可能是"天生"的。

里落下来的花呢？

那是梨花吧？

那是李子花吧？

那是香喷喷的玉兰花吧？

不，都不是。不信，仔细看一看它的构造就知道了。

孩子望着漫天飞舞的雪

我是小小科学家

为什么雪花都是六角形的？这与它的内部结构有关系。

原来雪花是由冰晶组成的。冰晶是六方晶体。它有四个结晶轴，其中三个轴在一个平面上，互相以60°的角度相交。第四个轴和它们互相垂直。水分沿着三个在同一个平面上的轴，慢慢地结晶，就形成了特殊的六角形。

六角形的雪花都是一模一样的吗？

才不是呢！尽管雪花都是六角形的，大自然里却找不到两片完全相同的雪花，就好像在茫茫人海里，找不到两个完全相同的人一样。

雪花的"花瓣"，有的伸展得长些，有的伸展得短些，不同的内部结构形成了不同形状的雪花。

花，心想：唉，要是我能知道雪花的秘密该多好。

为了弄明白这个问题，他伸出手，接住空中飘落的一片片雪花。可惜他的手心热乎乎的，还来不及看清落在上面的雪花的形状，雪花就融化了。

他用一张纸接住了天上落下来的雪花，睁大眼睛看。只瞧见一片白，看不清雪花的构造。

他小心翼翼地把雪花放在爸爸的显微镜下面，一下子就看清楚了。

哇，想不到所有的雪花都是六角形的，这是怎么形成的呢？六角形的雪花到底是不是花呢？

❓ 学到了什么

▶ 雪花都是六角形的，这是它的内部结构决定的。

让人笑掉牙的日食故事

《哇啦哇啦报》消息，信不信由你

公元前 585 年，在土耳其的安纳塔利亚高原上，有一个吕底亚部落，还有一个米底亚部落。不知道什么原因，两个部落之间整整打了五年仗，谁也不让谁。

有一次，他们正打得难解难分，天上红彤彤的太阳忽然不见了。原本晴朗的天空变得漆黑一片。正在打仗的士兵们都吓坏了，他们不由自主地停手了，以为是上天对他们的行为感到不满，发怒了。于是双

想一想 猜一猜

- 这个故事明显是假的，我根本就不信。
- 是不是上帝显灵了？
- 是不是一片云飘来，遮住了太阳？
- 是日食吧？

方讲和，发誓再也不发动战争，大家心里的怨气也随之消除了。

我是小小科学家

猜对了，的确是发生了日食。别笑话那两个原始部落，因为直到19世纪，欧洲人还不太清楚日食是怎么回事呢！

1560年，法国发生的内乱弄得人心惶惶。天文学家预测，那一年的8月21

日将要发生日食。人们吓坏了，以为大火、洪水、瘟疫或政变也会随着日食一同到来，纷纷躲起来，以逃避马上就要来临的灾难。

1724年5月22日，整个巴黎都看见了日食。人们从来没有见过这种奇观，看完了还觉得有些不过瘾。一位侯爵就陪着几个贵妇人到天文台去，对她们说："夫人们，请进去吧。天文台台长卡西尼先生是我的好朋友，我可以请他再给大家演示一次。"

哈哈！他认为日食是天文学家造出来的，真是天大的笑话。

还有一个故事发生在1860年。意大利米兰的市民们目睹了日食奇观后，激动地走上大街狂欢游行，高声喊着："再来一次！天文学家万岁！"

哈哈！瞧瞧这些人，有的害怕，有的高兴，真是一群糊涂蛋。

日食是怎么发生的？我国古代天文学家早就知道了答案。

西汉的刘向在《五经通义》里说："日食者，月往蔽之。"东汉王充在《论衡·说日篇》里也说："日食者，月掩之也。"

说得明白些，就是月球运行到地球和太阳中间时，遮住了太阳。在地球上看，就是日食现象。日食分日全食、日偏食、日环食等不同类型。

? 学到了什么

▶ 日食既不是上帝显灵，也不是天文学家的表演，而是月球遮住了太阳。日食分为日全食、日偏食、日环食等不同类型。

追踪 日全食

《哇啦哇啦报》消息，信不信由你

据预测，1980 年 2 月 16 日将会发生日全食，天文学家们为此而感到兴奋，立刻积极行动，准备抓住这个宝贵的机会进行观测。

有一位天文学家特别激动。为了抢拍这次罕见的日全食，他做了非常充分的准备。他心想，日全食只有一会儿，可得选一个没有云雾、也不会下雨的好地方观测才行。什么地方最理想呢？只有沙漠里最好了。于是他就带领助手赶到了沙漠里，演练了一遍又一遍。当日全食来临的时候，助手负责摄影，他就可以腾出手来仔细观测了。他们在烈日下演习得太累了，便躲进帐篷里，准备休息一会儿。正在这个节骨眼儿，日全食发生了。两个人兴奋得一骨碌从帐篷里钻出来，各就各位，开始工作。

助手由于太紧张，竟然没有打开镜头盖，慌里慌张地按下了快门拍照。结果还用得着多说吗？胶片上什么也没有留下来，天文学家简直要气破肚皮了。

想一想 猜一猜

- 日全食提前了，搞得他们措手不及。
- 他们算错了时间。
- 真笨！什么地方不能看日全食，非要到这么偏僻的地方去。

我是小小科学家

日全食发生的时候，并不是在地球上任何地方都能够看见的。

道理其实很简单，因为比起太阳来，月球很小，不可能把太阳遮掩得严严实实，所以也不可能在任何地方都能够看见日全食。只有当月球的影子投射在地球上一条非常狭窄的地带时，才有可能发生日全食现象。

月球的影子在地球上移动得很快，就算在发生日全食的地方，也很快就结束了。根据计算，月影掠过地面一个地点，在赤道地区最长不超过7分40秒。以北京所在的纬度来计算的话，最长不超过6分30秒。要想在这么短的时间里看清楚日全食，当然要做好准备才行。

为了多看一会儿日全食，也为了避免当时不可预见的天气因素的影响，一些美国天文学家干脆改装了一架波音707飞机，在11272米的高空追赶日全食。上午10点15分初亏，在11点38分47秒食既时，机舱里变得漆黑一团。他们驾驶着飞机追赶日全食，终于多赢得了一些时间，获得了更多的宝贵资料。

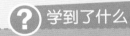 **学到了什么**

▶ 因为月球不能完全遮住太阳，所以只能在很小的范围里看见日全食。日全食发生的时间很短，必须抓紧时间观测才行。

带酸味的 雨滴

下雨了，这既是一场平常的雨，也是一场不平常的雨。

咦，这是怎么回事，为什么雨水散发出一股难闻的气味？马路上的人全都紧紧地捂住鼻子，低着头匆忙走过，巴不得这场雨快些结束。就连小猫和小狗也很不耐烦，小狗朝着下雨的天空汪汪叫，好像想抓住干坏事的家伙，狠狠地咬一口似的。

一些爱美的姑娘皱紧了眉头，生怕带酸味的雨滴弄脏了自己的衣服和雨伞。为了消除雨水的酸味，有的姑娘还往身上喷了一些香水。

想一想 猜一猜

- 是不是有人在空中把醋坛子打翻了？
- 天上下的是不是柠檬水？
- 是不是化工厂在排气？
- 可能是天空出了毛病。
- 这些人的鼻子有问题吧？

只有街头巷尾的一些商人很高兴，因为雨伞、雨披和帽子卖得很快，口罩也卖了不少。

 我是小小科学家

这件事不能怨老天爷，是人们自己造成的。一些工厂一点儿也不负责任，把天空当成垃圾场，随便排放废气。这些废气里面含有大量二氧化硫和氮氧化合物，遇着水滴和潮湿的空气，就变成了硫酸或者硝酸，很快溶解在水汽里，然后形成酸云、酸雨、酸雪和酸雾。我们生活在这样的环境里，就像泡在坛子里的酸菜，不出毛病才奇怪呢。

酸雨使河水、湖水都变酸了，毒死了鱼虾。酸雨使土壤发生变化，造成农业减产、动物生病。酸雨还能腐蚀混凝土、砂浆等建筑材料，破坏建筑物。珍贵的文物被酸雨侵蚀的话，也会变得不成样子。

酸雨和酸雾对人们的健康有很大的危害，会造成红眼病、支气管炎、肺病等疾病。人们吃了被酸雨污染的土地种出来的粮食、蔬菜和瓜果，还会中毒呢。说酸雨是"空中死神"，一点儿也没错。

? 学到了什么

▶ 酸雨是严重的环境污染现象，主要是人为向大气中排放大量酸性物质造成的。酸雨破坏环境，危害人和动物的健康，不容忽视！

飘飞万里的 气球

据英国《泰晤士报》2007 年 9 月 27 日报道，当年的 7 月 15 日，曼彻斯特的一所小学举行了一年一度的放飞氢气球比赛，有 100 个孩子参加了这个活动。其中一个名叫爱丽丝的 4 岁小姑娘，也兴冲冲地放飞了手中的气球。每个气球上都留了地址，希望捡到的人能将它寄回来，幸运的人可以获得随气球附赠的礼物和一张曼彻斯特公园的门票。飞得最远的气球的主人就是这场比赛的冠军。在比赛结束后的几周里，爱丽丝的学校陆续收到许多来信，大多数来自附近的郊区，也有少数几封来自利物浦。可是爱丽丝一直没有收到回信。她的爸爸说："它飞不了多远，最多飞到街对面的房子上。"天真的小姑娘也渐渐忘记了这件事。

想不到在 9 月 5 日新学期开学后的第二天，一个特大号的白色信封寄到了这所学校。信封里装着一

想一想 猜一猜

- 气球挂在飞机的机翼上，搭"顺风机"到了中国。
- 是不是碰巧飞到了一艘开往中国的船上，搭"顺风船"到了中国。
- 气球挂在风筝上飞到了中国。
- 一个旅行者把它带到了中国。
- 一只老鹰把它带到了中国。
- 它顺风飘到了中国。
- 哈利·波特用魔法把它送到了中国。
- 孙悟空翻了一个筋斗把气球带到了中国。

我是小小科学家

是高空的风把气球带到中国的。由于地球由西向东自转，形成了中纬西风带。这个气球必定飞得很高，进入了这个风带，就一直飘到了中国。

第二次世界大战末期，绝望的日本军方为了报复美国，曾经异想天开地放了许多挂着炸弹的高空气球，他们想利用中纬西风带让气球飘到大洋彼岸。它们中的大多数都落进了太平洋中心，但也有几个侥幸飘到美国，在荒凉的山岭间落了下来。

球。这封信立刻轰动了全校，爱丽斯的气球至少飞了 9600 千米，成为迟到的冠军。这个小小的气球怎么会飞得那么远？人们议论纷纷，不明白到底是什么原因。

那个中国小伙子没有去曼彻斯特公园。不过他却得到了包括爱丽丝在内的英国小朋友寄来的一大包信和涂鸦，这才是感谢他最好的礼物。

个红气球，就是爱丽丝当时放飞的。原来这是从遥远的中国广州寄来的，一个中国小伙子捡到了这个气

❓ 学到了什么

▶ 地球自转形成了中纬西风带。我们也可以试一下，放飞一个气球。没准儿它能比爱丽丝的气球飞得更远呢。

阴阳界奇观

《哇啦哇啦报》消息，信不信由你

天阴沉沉的，云雾笼罩着陡峭的山坡。我在茫茫云雾里用力地爬呀爬，却看不清周围的景象。心里想，准是陷入了厚厚的云海，永远也别指望着能钻出去了。

爬呀爬呀，不知道爬了多久，我终于爬上了一道刀削似的山脊。

💡 想一想 猜一猜

- 他肯定进了天堂。
- 是不是到了外星球？
- 是不是山脊上有一道看不见的"挡云墙"？
- 是不是勤快的土地神用扫帚把云雾扫开了？
- 是不是一种特殊的天气现象？

前面再也没有更高的地方了，山路终于到了尽头。

说来也奇怪，这里的景象一下子变了。我站在山脊上往前看，一片亮堂堂的，可以看得很远很远。转过身子往后看，依旧是一团云雾遮盖住一切，几乎什么也看不见。一边阴、一边阳，一边雾蒙蒙、一边出太阳，形成了一幅对比强烈的画面。

咦，这是怎么回事？谁能告诉我，这是什么地方？可惜山脊上没有一个人影，也没有地方可以打听。

我心里正疑惑着，忽然低头一看，瞧见这里竖着一块石碑，上面写着"阴阳界"三个大字。

啊，阴阳界，莫非我钻出了人间，来到了另一个世界吗？

我是小小科学家

信不信由你，世界上真有这样的地方。在成都西边的西岭雪山上，有一道山脊，就叫作"阴阳界"。

为什么叫作"阴阳界"？因为这儿几乎总是一边阴、一边阳。西边的太阳照不到东边的山坡，东边的云雾也漫不到西边的山坡。"阴阳界"这个名字，真是再恰当不过了。

人们到了这里，总是忍不住会问："阴阳界"是怎么形成的？

原来，四川盆地里经常弥漫着云雾，很少有阳光普照的大晴天。乘飞机到成都或重庆，大多数是在云海上飞行。在四川盆地里，一般云海有固定的高度，大约在海拔3000米。这道山脊几乎和云层一样高。所以云雾没法儿超过山脊，就形成了一边阴、一边阳的奇观。

如果云雾超过了山脊，将会出现什么景象呢？

在那种情况下，一边的云会朝另一边涌过去，形成壮观无比的云瀑。

学到了什么

▶ 四川盆地里总是云雾缭绕。如果有一道山墙和云层一样高，就能挡住云雾，形成"阴阳界"的奇观了。

"神圣"的露珠

包括大名鼎鼎的秦始皇和汉武帝在内，古时候的皇帝都很怕死。别瞧他们那么神气，自以为是天之骄子，有无限的权力，想怎么样就怎么样，却很怕死。

是呀，他们威震天下，无人可以与之对抗。他们拥有人间的一切财富，想要什么就有什么。可是他们也和普通百姓一样，免不了生老病死。面对死亡，他们害怕得不知道该怎么办才好。

针对他们怕死的心理，一些擅长装神弄鬼的方士就跳出来了，说自己能够炼制仙丹，使人长生不老。君主们好像抓住了救命的稻草，当真相信这是能救自己性命的活神仙，竟然一个个都被蒙住了。秦始皇不是派徐福出海寻找神仙吗？汉武帝不是鼓励方士提炼丹药吗？这充分显示了在他们那威严的面孔下，内心是多么脆弱。

方士们怎么制造长生不老药？除了使用黄金、水银外，还需要添加一种纯洁、神圣的成分——半夜从银河里坠落下来的露珠。因为这些露水没有沾上一丁点儿"地气"，所以纯洁而又神圣。利用这些露珠

想一想 猜一猜

- 别的不说，就拿汉武帝手下的那些方士来说吧，他们被认为是当时最聪明的人。他们说的话也许有一些道理。露珠可能就是从天空中降落下来的。

- 简直是胡说八道！只有被死神吓晕了脑袋的皇帝才相信。谁不知道露水是在地面上形成的。

我是小小科学家

　　露水由夜间的水汽凝结而成。在早春或深秋季节，晴朗无云、风也很小的晚上，是形成露水最理想的时候。由于夜晚温度下降得很快，草叶和树枝的表面温度较低。这些地方接触了空气底层饱和的水分，就很容易凝结成露水了。

　　为什么露水不但不会散开，还会凝结成一颗颗滚圆的露珠呢？

　　这是由于水滴表面张力的影响，使液面收缩成了最小面积的球形，就形成了一颗颗圆溜溜的露珠。在草叶和树枝的表面，特别是叶尖的部分，水分不容易浸润，更加容易形成露珠。说起来这不仅是一种物理现象，还与植物的生理现象有关。

才能制造可以延年益寿的灵丹妙药。

　　皇帝们全都无条件地相信了，你相信吗？

 **学到了什么**

　　▶ 露水是气温下降的时候，水汽凝结形成的。在水滴表面张力的影响下，形成了露珠。

奇怪的"鱼雨"

《哇啦哇啦报》消息，信不信由你

真奇怪呀！我们这儿下了一场怪雨。

你猜，这是什么雨？

是哗啦啦的大雨吗？

错啦！

是迷迷蒙蒙的小雨吗？

也错啦！

想一想 猜一猜

- 骗人的鬼话。如果天上能掉鱼，为什么我妈妈还用去菜市场买鱼？

- 这是真的。我家院子里就掉下来过许多鱼，妈妈高兴得合不拢嘴，因为她不用辛辛苦苦地去菜市场买了。

我是小小科学家

真有这回事，不是骗人的。

为什么天上会掉下来这么多的鱼？原来是龙卷风开的玩笑。如果有一股龙卷风从海上吹来，就可能从海水里卷起许多鱼带到空中，最后就形成一场特殊的"鱼雨"了。有时候还能下青蛙雨和其他稀奇古怪的雨呢。

龙卷风虽然能令天上掉馅儿饼，但是可怕的龙卷风和台风一样，都是气象灾害。

龙卷风的外形像是一根象鼻子，从半空中垂落下来，离老远就能看见。

象鼻子有什么好怕的？不，这根特殊的"象鼻子"好像一根长长的吸管，呼的一下就能扫平沿途的一切障碍物。它能卷起房子、汽车等物体，高高地卷进空中，又重重地摔下来。如果被卷起的是人或牲口，即便侥幸不死也会摔成重伤。

龙卷风是怎么形成的？

它形成在雷雨云里，是一种强大的空气旋涡。龙卷风和台风是两种不同的自然现象，台风的影响范围大，龙卷风的影响范围小，一般直径只有几十米到两三百米。只有极少数特别大的龙卷风，直径才超过1000米。它的运动速度很快，千万不要顺着它来的方向逃跑。只要抓紧时间从侧面躲开，就能和它擦肩而过，逃脱它的魔掌了。

是不是雪花和冰雹？

不，统统都错了。想不到一阵强大的旋风吹来，天空中下了一场奇怪的"鱼雨"。天空中落下来的不是水珠，不是雪花，也不是冰雹，而是数不清的活蹦乱跳的鱼。

谁说天上不能掉馅儿饼，这不就是天上掉下来的馅儿饼吗？人人都欢天喜地，心里乐开了花。家家户户都忙着抓地上的鱼，也不管鱼砸在脑袋上疼不疼了。每家的水缸里装满了，冰箱里也塞满了。我戴了一顶头盔去抓鱼。天上落下来的鱼，砸得头盔咚咚响，真有趣呀！

唉，好事也有不好的一面。从

那天开始，全城的人接连吃了好几天的鱼。有清蒸鱼、红烧鱼、油炸鱼以及种种挖空心思制作的鱼类佳肴。后来这里的人们见了鱼就觉得倒胃口，这件事过后整整三个月内，谁也不想再闻到鱼腥气，更不要说吃鱼了。

? 学到了什么

▶ 龙卷风好像是一个飞速旋转着身子的魔鬼，破坏力非常大。它能吸起水里的鱼、青蛙和其他的生物。下一场特殊的鱼雨和青蛙雨，也很有趣呀！

天上掉下来的 冰块

《哇啦哇啦报》消息，信不信由你

炎炎夏日，天上掉下来一个大冰块。摸一摸，冰凉凉的，真是冰块呢！一个过路人高兴坏了，心想：这可是好运气呀！谁说天上不能掉馅儿饼？这个大冰块比馅儿饼还好。扛回家，不但可以用来做冰镇酸梅汤，还可以用牛奶和糖做成冰激凌呢！

唉，可惜只是一块白花花的冰块，如果是一根大雪糕就更好了。

这个冰块是怎么来的？人们有着不同的看法。

想一想 猜一猜

- 可能是一个特大的冰雹，幸亏没有砸在人脑袋上，要不准会让人脑袋开花。

- 这是天然陨冰啊！是从彗星里面掉下来的。

- 哈哈！一定是谁在恶作剧。

- 准是楼上的大婶清理冰箱时，从阳台上扔下来的。

- 这是从飞机上掉下来的。

- 没准儿看花了眼吧？

- 哼，准是一个醉汉说的醉话。

我是小小科学家

如果能排除高空抛物，它就准是陨冰了。

现在世界上有四次可靠的陨冰记录。因为陨冰发生的次数实在太少了，所以人们都记录下来了。

有一本古书上记载，清朝同治元年（公元1862年）秋天，一天中午时分，一颗雪白的"流星"落进水田里，慢慢地融化成了水。

1955年8月30日，一块3千克的陨冰落在美国威斯康星州卡什顿城的郊外，落地后，它断成了两截，正好落在一个男孩的脚边，真险哪。

1963年8月27日，一块5千克的陨冰落在苏联莫斯科一个农庄的果园里，掉在一个妇女身边，也很危险呢。

1983年4月11日中午，一个大冰块落在我国江苏无锡热闹的东门外，擦着电线杆轰的一声落下来。第二天，报纸上说是一个特大的"冰雹"。可是经过天文学家认真研究，又在人造卫星当天拍摄的云图上找到了它从宇宙空间进入地球大气层的轨道痕迹，证明了这是一块货真价实的陨冰。

? 学到了什么

▶ 天上掉冰块和掉馅儿饼不一样，这可是真的。陨冰往往是从彗星里飞出来的。而且有的彗星本身就是一个大冰球。

诸葛亮 借东风

《哇啦哇啦报》消息，信不信由你

《三国演义》里最精彩的一战当属赤壁之战。曹操率领八十多万大军，气势汹汹地打到长江边，和孙刘联军在赤壁对垒。后者只有五万人，根本就不是曹操的对手。

得意扬扬的曹操一时糊涂，采纳了庞统的主意，摆下连环战船应战。自以为这就可以克服北方士兵害怕风浪、不习水战的困难，击败敌人的水军，一举攻下江东，完成统一天下的大业了。

把船连接在一起，会有什么结果？北方的曹操和南方的周瑜、诸葛亮三个人全都想到了火攻，但是看法和态度却大不相同。

曹操和周瑜认为曹军在北岸，东吴军队在南岸，使用火攻就必须得有东南风。可是现在正是隆冬季节，盛行西北风，怎么可能有东南风呢？因此曹操并未把此事放在

想一想 猜一猜

- 诸葛亮神机妙算，算出了会有一股东风。
- 诸葛亮能够通鬼神，他向鬼神借来了一股东风。
- 《三国演义》没有写出来，诸葛亮使用强大的鼓风机，把天上的西北风反吹回去，就成了东南风。
- 天有不测风云，天气情况变化无常。诸葛亮懂一点儿气象学的知识，掌握了天气变化情况。

心上。

诸葛亮自告奋勇去借东风。在祭坛上装模作样表演了一阵子后，终于等到了一股难得的东南风。在周瑜的指挥下，联军放了一把火，

把曹军水寨烧得精光，取得了以少胜多的胜利。此役之后，曹操狼狈退回北方，诸葛亮挽救了东吴，奠定了三国鼎立的基础。

请问，诸葛亮是怎么借东风的？

我是小小科学家

在寒冷的冬季，冷气团一个接一个南下。当第一个冷气团过去，第二个冷气团还来不及跟上的时候，完全可能在第一个冷气团的背后形成一股小小的东南风，暂时控制长江中下游的一些地方。这就有可能形成一次锋面气旋，从而产生诸葛亮借东风的戏剧结果了。

? 学到了什么

▶ 气候变化无常。冬季一个冷气团过后，有可能产生锋面气旋，形成一股罕见的东南风。

天空里的"破窟窿"

哎呀，不好了。信不信由你，天空破了一个大窟窿。

这是什么地方？是南极大陆的上空。

这是真的吗？当然是真的。这是在南极考察的科学家发现的，还会有假吗？

坏消息接二连三地传来。不久在北极上空和被称为"世界第三极"的青藏高原，也发现了同样的"窟窿"。

据说，这对南极大陆的企鹅、北冰洋的北极熊、青藏高原的牦牛以及人类的影响都很大，可要小心哪！

想一想 猜一猜

- 哈哈，天又不是纸糊的，怎么会有窟窿？

- 是不是北极熊咬破的，或者珠穆朗玛峰顶破的？

- 如果真有这回事，请女娲来补天吧。

- 咱们不住在南极大陆，也不住在北冰洋，就算有一个大窟窿，又有什么影响呢？

- 天上有窟窿是好事情啊！那样的话，就会有更多的小流星落下来了。我想去那里拾星星，用发光的小流星装饰我的卧室。再送给同学们，别在头发上，多美呀！

- 天上有窟窿，到月亮和别的星球上更方便。外星人拜访地球也方便多了。

- 这是一个童话。

- 这是乱说的吧？

- 没准儿在咱们的头顶上真有这样的窟窿。相信科学家的话，这可能是真的。

我是小小科学家

　　这是真的。1985年，人们首先在南极上空发现臭氧层破了一个大洞。你猜这个洞有多大？想不到竟然和美国的国土面积差不多大。紧接着人们在北极和青藏高原上空，也发现了两个大"窟窿"。

　　别小看臭氧层，这可是一把"生命保护伞"，它能够吸收大部分紫外线，保护人类和其他生物不受伤害。强烈的紫外线可以导致皮肤癌，真可怕呀！现在天空中破了几个大"窟窿"，岂不是撕开了空中的防线，紫外线能够毫无阻挡地穿透进来吗？

　　咱们头顶上的臭氧层很薄，很容易受到破坏。无知的人们干了不少蠢事。许多旧式冰箱和化工产品，大量排放人工合成的氟利昂，使臭氧层遭到破坏。想不到还没有受到外星人的攻击，空中最重要的臭氧防线就变得千疮百孔了，这等于拉响了来自空中的紧急警报。

? 学到了什么

　▶ 臭氧层能够吸收致癌的紫外线，保护人类和其他生物。

　▶ 氟利昂是破坏臭氧层的凶手。赶快行动起来，保护臭氧层。

偏斜的 北极星

《哇啦哇啦报》消息，信不信由你

有一个人想去北极探险。首先，他要穿过北冰洋才行。北冰洋上白茫茫的一片，什么指路标志也没有，怎么才能找到北极呢？

他心想：只要朝着天上北极星的方向一直往前走，准能走到北极。

出发的时候，有人劝他："带一个罗盘吧。罗盘的指针指着北方，保证不会弄错。"

他说："罗盘太沉了，带着不方便，也容易弄丢。北极星高高地挂在天上，既不会落下来，也不会弄丢，是最好的指路工具。"

他自以为这样准能轻轻松松地到达目的地，便放心大胆地出发了。

想一想 猜一猜

- 他准是看花眼了。顺着北极星的方向笔直地往前走，怎么可能走不到北极点？

- 他认错星星了吧？是不是把其他的星星当成了北极星？

- 是不是北极星会动？跟着动来动去的北极星走，当然走不到北极。

他走哇走，耗费了很大的力气，可走到的地方根本就不是北极点。简直让人笑破了肚皮。

我是小小科学家

北极星并不在真正的北天极上空，而是最靠近北天极的一颗星星，而且它和北天极还有一些距离呢。

北极星不是固定不变的，在不同的时期有不同的北极星。

为什么会是这个样子？这和地球的自转有关系。

地球是怎么自转的？就像陀螺一样自转。

你见过陀螺吗？陀螺旋转的时候总是歪歪斜斜的。地球就像陀螺一样旋转着，从地轴引出的一条直线并不是指着同一个方向，而是在空中慢悠悠地画着大圆圈。这条直线靠近北极点附近的星星，就是当时的北极星。现在的北极星并不在这条直线上，以后还会变化呢。

哦，明白啦，北极星是会变化的。现在我们看见的北极星是小熊座"尾巴尖"的那颗星星，并不在北天极上。到2100年，它才和北天极的距离最近，之后又会慢慢移开了。

约4700年前，古埃及天文学家把天龙座α，中国称作右枢的星星当作北极星。

约3000年前，我国西周时期把小熊座β，人行称作帝星的星星当作北极星。

隋唐至元明时期，当时的北极星是鹿豹座中一颗微不足道的小星星。

到公元7000年左右，北极星将变为仙王座α，我国叫作天钩五。

公元14000年的北极星最灿烂辉煌，那是天琴座α，就是大名鼎鼎的织女星。

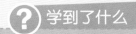

? 学到了什么

▶ 北极星是地球自转轴指着的星星。因为地球自转轴的变化，所以北极星不能指示真正的北天极。

沙漠里的 大蘑菇

《哇啦哇啦报》消息，信不信由你

奇怪，真奇怪，沙漠里长出了大蘑菇。

信不信由你，在没有一滴水的沙漠里，真的有一朵特大号的蘑菇。下面一根细细的脖子，上面顶着一个大脑袋，不是蘑菇，还会是什么？

啊，这是真的吗？

当然是真的。这儿来来往往的骆驼队不少，赶骆驼的人都知道。

 想一想 猜一猜

- 这是真正的蘑菇化石，必定是北京猿人时代的。北京猿人的头盖骨变成了化石，同时代的蘑菇为什么不能变成化石呢？
- 它是不是大自然的杰作？

我是小小科学家

这不是蘑菇化石，也不是巨人和别的东西，而是一种常见的地质现象，叫作石蘑菇。在荒漠、冰川、海岸和黄土地区，尽管作用力不同，但都能形成同样的蘑菇形态。

荒漠石蘑菇和别的石蘑菇不同，是风沙长期磨蚀岩石的结果。

为什么风沙把岩石下部磨得很细，却在上部留下一个大脑袋呢？因为沙子本身有重量，风不能把大量的沙子扬上天空，而是主要集中在贴近地面的地方。所以岩石下部受到的磨损大，上部则相对较小。经过长期不断地上下差异磨蚀，自然就形成大脑袋、细脖子的石蘑菇了。如果上面的岩石坚硬，下面的比较软，容易被侵蚀，就更加容易形成石蘑菇了。

不信的话，你自己去看吧。

沙漠里冒出一朵大蘑菇，可是稀罕事情。赶快摘回家，煮一大锅蘑菇汤，美美地喝一顿吧。

走哇走，走到跟前一看，简直让人不敢相信自己的眼睛。只见这朵古怪的特大号蘑菇竟是一块石头。别说不能煮汤，压根儿就不可能摘下来。

这朵蘑菇已经变成了坚硬的石头。由于年代久远，已经变成蘑菇化石了。

? 学到了什么

▶ 石蘑菇不是什么稀奇东西，别大惊小怪。

▶ 沙漠里的风沙主要集中在接近地面的空间。

▶ 沙漠石蘑菇是风沙上下差异磨蚀的结果。

阿拉伯长袍里的 小气候

《哇啦哇啦报》消息，信不信由你

阿拉伯大沙漠真热呀！我只穿着一件 T 恤衫和一条短裤，也热得身上直冒汗。

信不信由你，迎面走来的一个阿拉伯人，竟然披着一套长袍大褂，在火辣辣的太阳下面，不慌不忙地走着路。看他十分坦然的样子，仿佛一点儿也不怕热似的。

我汗流浃背地走到他面前，好奇地问他："喂，朋友，你热吗？"

他笑了笑，摇了摇头，说："我觉得很舒服，一点儿也不热。"

我心想：他是不是在说假话呢？

我抬头仔细一看，只见他的脸上没有一丁点儿汗水，似乎真的不热。为什么他在沙漠里，还要穿着一件白色的长袍？我想破了脑袋也想不明白。

想一想 猜一猜

- 在沙漠里哪里会不热呀，是不是故意装作不热？
- 阿拉伯人穿的长袍里面是不是藏着一台电风扇？
- 可能这是一种新发明的空调长袍。

我是小小科学家

这不是神话，而是巧妙地利用了一种物理学原理。

你看，阿拉伯人穿的长袍非常宽大，这就是它的奥秘所在。这么宽松的袍子不仅能够遮住整个身子，不让阳光晒着皮肤，起到隔热的作用。袍子内外的温度往往会相差好几摄氏度。加上这里相对湿度也不高，人们当然就不会觉得太热了。

　　宽大的袍子还有一个妙不可言的作用。如果有一股风吹进来，可以迅速吹遍全身，产生一种特殊的"烟囱效应"，将身上的湿气和热气一扫而光。走路的时候，长袍子还能起到鼓风的作用。

　　白色的阿拉伯袍子还能反射阳光，减少吸热量，这也是一个重要原因。

　　哈哈！阿拉伯人真聪明，想不到在他们的袍子里面，竟然藏着一个特殊的"人造小气候"，真有趣！

？ 学到了什么

▶ 阿拉伯人穿的袍子可以遮住皮肤，避免被太阳暴晒，还有特殊的鼓风作用，能够调节温度呢。

特大号 "马蜂窝"

《哇啦哇啦报》消息，信不信由你

想一想 猜一猜

- 这样巨大的马蜂窝举世无双，赶快向世界昆虫协会报告。
- 可以申报吉尼斯世界纪录。
- 是不是恐龙时代的马蜂留下的？
- 胆小鬼，怕什么，如果真的和恐龙同时代，早就变成化石了。
- 是不是麻雀窝？

哎呀，沙漠里还有马蜂呢。

虽然我没有看见飞来飞去的马蜂，却亲眼看见了一个特大号的马蜂窝。既然有马蜂窝，难道还没有马蜂吗？

那天，我一个人走进沙漠深处，看见了一个奇怪的东西。只见一个高高凸起的东西上，布满了无数蜂窝状的孔。那些孔一个紧挨着一个，和常见的蜂窝一模一样。最大的孔直径有一尺，小的也有一寸。如此巨大的蜂窝，哪里会是普通蜜蜂的

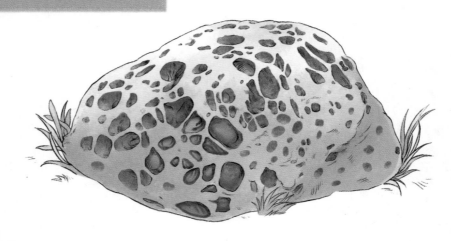

我是小小科学家

哈哈，你真傻。这哪是什么马蜂窝，分明是荒漠里常见的蜂窝石呀。

这种蜂窝石是怎么形成的？为什么别的地方没有，只有这里才能看见？因为荒漠地区和别处不同，昼夜温差特别大，这是岩石热胀冷缩形成的。岩石在白天被荒漠里的毒日头晒得滚烫，体积膨胀；夜晚气温迅速下降，岩石表面遇冷收缩。这样一年又一年，不停地热胀冷缩，岩石表面就会一片片脱落，形成许多"疤痕"，一个紧挨着一个。乍一看，就像马蜂窝一样。

栖身之地呢？也许这是巨型马蜂窝。

我擦一擦眼镜，再仔细一看，这才看清楚了。

天哪，这个"马蜂窝"不是筑在木头上，而是石头上，孔洞密密麻麻地布满石面。如此坚硬的石头能够被其钻开，它的刺不知有多么锋利，肯定赛过金刚钻。倘若被它蜇一下，不死也会重伤。

想到这里，我不敢再仔细看了，连忙抱着脑袋就跑，边跑边喊救命。只恨爹娘少给我生了两只脚，不能飞快地离开这个可怕的地方。

? 学到了什么

▶ 荒漠里昼夜温差大，引起岩石的热胀冷缩，形成了特殊的蜂窝石。

小区里的风妖怪

《哇啦哇啦报》消息，信不信由你

咱们的小区里藏着一个风妖怪。

这是真的吗？

当然是真的。瞧，小区里一幢幢大楼，一片片草地，加上池塘和花园，一派鸟语花香的景象。可是就在这些大楼中间，特别是一些很窄的巷道里，常常冷不丁地刮起一股妖风，吹翻了遮阳伞，吹掉了人们脑袋上的帽子，像是在跟人们开一个小小的玩笑。

真的是开玩笑吗？也不都是这样的。有一次，一个孩子刚打开阳台上的玻璃门，忽然一阵风吹来，

这扇门又砰的一下关上了。孩子的手指被门紧紧夹住，疼得大哭起来。这件事该怨孩子吗？不，要怨就怨那个看不见的风妖怪。

> ### 想一想
> ### 猜一猜
>
> - 是不是真的呢？如果小区里有妖怪，谁还敢住在这儿。
> - 是不是刮风天发生的事情？
> - 问题可能出在这些大楼上，得好好研究研究。

 我是小小科学家

这是高楼风啊。高楼风是一种特殊的人造风，是现代大都市里的"新杀手"。由于高楼风造成的大大小小的事故，数也数不清。

现代化的高楼大厦就像人造的水泥山峰和峡谷。你看，一座座高高耸立

的大楼，不正像是一道道悬崖峭壁吗？你看，大楼中间一条条巷道，不正像是幽深的峡谷吗？抬头看天空，常常只露出非常狭窄的一条，好像是"一线天"。这种特殊的人造地形，挡住了气流，就会钻出"风妖怪"了。人们给它取了一个名字，叫作高楼风。

它容易造成意外事故，住在高楼中的居民请注意，一定要关好门窗，放好阳台上的花盆，别让风把花盆吹下去。弄不好，可能会造成人员伤亡。如果因为没有放好花盆，伤害了别人，也影响了自己，值得吗？

? 学到了什么

▶ 高楼风形成在高楼大厦中间，是一种特殊的风。

呼风唤雨的法术

《哇啦哇啦报》消息，信不信由你

传说在远古时期，黄帝和蚩尤为了争夺霸权，曾经狠狠地打了一仗。

蚩尤率领军队来讨伐黄帝，黄帝便派应龙放洪水，蚩尤就命令风伯、雨师造一场大风雨。黄帝连忙派旱神女魃来止雨，蚩尤祭起了浓密的大雾，三天三夜也不散开。黄帝急了，连忙推出指南车，在雾气里辨清方向，终于取得了最后的胜利，砍下了蚩尤的脑袋，成为独霸天下的霸主。

想一想 猜一猜

- 神话故事是假的，别相信。
- 可能有外星人参加了那场战斗。
- 谁说神话故事中没有现实的影子？也许真有这回事呢。

我是小小科学家

神话故事里也许有现实的影子，反映了当时气候的变化无常。撇开这个问题不说，让我们来看一看，人类是不是真的可以呼风唤雨吧。

在现代科学技术的条件下，人类真的能呼风唤雨呢。

从20世纪30年代开始，人们就进行了人工降雨的实验。1946年，科学家用飞机在云海上播撒干冰，仅仅半个小时就下雨了。这次人工降雨实验成功后，这项技术很快就得到了普遍应用。人们再也不用为干旱而感到着急了，利用人工降雨的方法，就能随心所欲地制造一场雨啦。

为什么可以人工降雨？天上的云是水汽凝结而成的。空气中的水汽在没有达到饱和状态的情况下，在云层里播撒干冰，增加云中的凝结核数量，改变云层温度，使云层里的空气产生对流活动，有利于水汽粒子增大。当上升气流承受不住水汽粒子的时候，就产生降雨了。

人工降雨对农业生产有很大益处。但是在越南战争期间，美军为了截断"胡志明小道"运输线，出动了2000多架次的飞机进行人工降雨，使山洪暴发，林间小路泥泞不堪，堵塞了交通，比常规的轰炸效果还要严重。这样的行为受到了全世界人民的反对，这是把科学成果变成了特殊的"气象武器"。

? 学到了什么

▶ 只要空气中有水汽，使用播撒干冰的办法，增加凝结核，就能实现人工降雨了。

会唱歌的沙丘

《哇啦哇啦报》消息，信不信由你

敦煌有一座巨大的沙山，叫作鸣沙山。为什么它叫这个名字？因为它会发声！

不信吗？请你听一听吧。在烈日的暴晒下，踩在脚下的沙子有时候会发出一阵神秘的声响。因为它能发声，所以就叫这个名字。早在清代，"沙岭晴鸣"就被列为敦煌八景之一了。

为什么鸣沙山会发声？当地有

想一想 猜一猜

- 沙丘底下是不是有音响设备？
- 这是在放电影吧？
- 风吹沙子响。
- 这是不是远方传来的地震的声音？

我是小小科学家

世界上有很多沙丘，有的沙丘真的能发出声音。甘肃敦煌的鸣沙山、内蒙古达拉特奇的响沙湾和宁夏中卫沙坡头是中国的三大鸣沙山。

为什么沙丘会发声？

有人说，沙丘表面的石英沙粒被太阳晒烫后，只要受到挤压就会产生电而发出声音。

有人说，这是沙粒在滑动的时候，空气进入孔隙，又被挤出来，振动发声。

有人说，因为沙丘表面是干的，下面有一层潮湿的沙子。当上面干燥沙粒的振动波传到潮湿层时，就会引起共鸣而发出声响。

还有人说，由于长期的相互撞击，沙子的表面形成了许多像蜂窝一样的微小孔洞。当沙子相互摩擦的时候，就能在这些孔洞里产生共振，发出声音。

不管怎么说，自然界里存在着沙丘发声的现象。到底是什么原因，还需要进一步调查研究。

一个民间传说。据说，唐代女将樊梨花在这里扎营休息，不料敌人趁着夜晚发动突然袭击，将士们奋起与敌军战斗，直杀得血流成河、尸横遍野，唐军打了败仗。敌人正扬扬得意，忽然卷起了一阵风沙，将尸骨和敌军统统掩埋在沙山下。从此以后，每到刮风的时候，这座沙山就会发出奇异的声音。仔细听，好似金鼓齐鸣，刀剑撞击，英勇的唐军还在和敌人厮杀。当地人说："后山响，轰隆隆。前山响，锣鼓声。"山底下的无数冤魂在敲锣打鼓，诉说着他们的不幸遭遇呢。

？ 学到了什么

▶ 沙丘可以发声，只能从它自身找原因。

火烧 葫芦谷

《哇啦哇啦报》消息，信不信由你

《三国演义》里有一段精彩的故事。诸葛亮和司马懿在祁山会战。诸葛亮看中了一个叫葫芦谷的地方。这里位于两山之间，地势低洼，入口处狭窄，每次只能容一人一马通过，谷内却能容纳 1000 多人，这简直是一个诱敌深入、歼灭敌军的绝妙地方。他打定了主意，在谷地两边的高山上埋伏了数千名精兵，把许多干柴藏在谷中，命令大将魏延把敌人引诱进来。

司马懿不知是计，领兵追进葫芦谷中，只听一声巨响，山上投下无数滚木、石块堵住了谷口。又有无数根火把从天而降，引燃了谷内的干柴。刹那间葫芦谷里硝烟弥漫、一片火海。司马懿抱着司马师、司马昭大哭道："我们父子都要死在这里了。"

俗话说，人算不如天算。想

想一想 猜一猜

- 诸葛亮没有看天气预报，怨谁呢？
- 司马懿运气好。
- 就是这场火引起了这场雨。

不到正在此时，忽然狂风大作，乌云密布，下起一场大雨，浇灭了熊熊烈火。司马懿喜上眉梢，连忙说道："天不亡我，现在不杀出去，还待何时！"说时迟，那时快。他们父子带兵奋力冲杀，突破重围。诸葛亮在山上看到这一切，不禁长叹一声，说："谋事在人，成事在天！"好好一个歼灭敌军的计划，就这样失败了。

智者千虑，必有一失。诸葛亮

我是小小科学家

　　这是由地形造成的一场大雨。

　　原来葫芦谷这种中间低洼的封闭地形不利于空气流通，一旦谷内起火，气温开始升高，贴近地面的空气会迅速受热，进而膨胀上升，上层及周围的冷空气收缩下沉，就会形成对流强烈的山谷风，造成狂风大作的现象。当谷底大量热气流上升到一定高度时，空气中的水汽又因气温降低而凝结成云雾，再加上柴草燃烧所产生的大量烟尘随空气上升到空中,这又为水汽凝结提供了理想的凝结核，从而加速了水汽的凝聚。这些云雾中的小水滴互相碰撞合并，体积就会逐渐变大，最终形成倾盆大雨，浇灭了葫芦谷的大火，司马懿才得以脱险。

这位足智多谋的军事家没有考虑到地形对气候的影响，所设的"火烧葫芦谷"一计功败垂成，实在是太遗憾了。

学到了什么

▶ 封闭的山谷里，热空气上升，冷空气下沉，容易形成山谷风。

冬季到基隆来看雨

《哇啦哇啦报》消息，信不信由你

台湾的基隆，雨淅淅沥沥地下着，模糊了近处的海港和远处起伏的山冈、大海，更加看不清海上小小渔船的影子。

看，一个姑娘打着花雨伞，顺着一条狭窄的小巷子走了过来。蒙蒙雨雾笼罩着花雨伞和她，雨水在她的身边随风飘洒。

听，她在雨里轻轻唱："冬季到基隆来看雨，别在异乡哭泣……"

熟悉这首歌曲的人说："她唱错了，连歌词也不清楚，应该是'冬季到台北来看雨'才对。"

打花雨伞的姑娘说："你才错了呢。我唱的是实际情况，一点儿也没有错。"

这个基隆姑娘到底唱错了没有？请大家评说吧。

想一想 猜一猜

- 她唱错了。准是她记性不好，记错了歌词。
- 她唱错了。准是她太爱自己的家乡，才改了歌词。
- 她没有错。基隆的雨水本来就比台北多嘛。

我是小小科学家

基隆是有名的"雨港"。这里冬天的雨水比台北多得多。据报道，这里每三天就有两天在下雨。每年的10月到第二年的3月，是阴雨连绵的雨季，其中冬天的雨水最多。附近一个名叫火烧寮的地方，年平均降水量高达6557.8毫米，降水量最多的一年竟然达到8409毫米，是我国有名的"雨极"。

为什么基隆的雨水这么多？这和它的位置、地形、四季的风向分不开。基隆位于台湾岛的最北边，面对着辽阔的大海，潮湿的海风很容易吹过来。这里是海风的十字路口，春天和秋天刮来西南季风，夏天刮来东南季风和台风。不管什么风，都会带来丰富的雨水。加上基隆三面环山，一面对着大海，风雨更加集中，雨水也就更多了。别的地方冬天干燥，而基隆却多雨，真的很有趣。

? 学到了什么

▶ 基隆面对大海，位于海风的"十字路口"，一年四季都有雨，是全国雨水较多的地区。

《西游记》里的 火焰山

《哇啦哇啦报》消息，信不信由你

喂，朋友，这里是火焰山。

火焰山？就是《西游记》里讲的火焰山！据说唐僧师徒在去西天取经的路上，被一座熊熊燃烧的火焰山挡住了去路。

这座山真厉害！八百里火焰，四周寸草不生。就是钢脑袋、铁身躯，也别想翻过这座山。

猪八戒害怕了，沙和尚傻眼了。齐天大圣孙悟空瞧着它，也没有办法。要想保护师父过去，得先灭火呀！东打听、西打听，打听到只有牛魔王的妻子铁扇公主的芭蕉扇，才能扇灭山上的火。正儿八经地向她借，她肯定不干。几番较量

想一想 猜一猜

- 这可能是一座火山。
- 可能真有这回事，我相信！

下，铁扇公主终于同意帮悟空等人灭火。用芭蕉扇扇了几下，才扇灭了火，保护师父平平安安过了这道关。

眼前这座山，传说就是火焰山。小说里的故事，就是根据它编写的。我站在山脚下望着它，身上直冒汗。

我是小小科学家

火焰山在吐鲁番盆地里，古时候这儿就叫火州，唐诗里把火焰山称为"火山"。听见这个火辣辣的名字，就会使人觉得发烫。

火焰山

为什么叫这个名字？因为这里像火一样热呀。人们常说"水深火热"。这里没有水，火热倒是真的。

你不信吗？请你试一试吧。把鸡蛋埋在被太阳晒烫的沙子里，一会儿就熟了。这里的石头上还能烙饼呢。

用温度计一量。哎呀，可不得了啦！想不到沙丘表面最高温度可以达到87℃。夏天的气温达到40℃以上是很平常的事情，难怪古人要把这里叫作火州了。

为什么吐鲁番这么热？

因为这里气候干旱，头顶火辣辣的太阳无遮无挡，炙烤着大地，怎么能不热呢。再加上这里地势低洼，热气憋在里面不容易散出去，就让这里变得更热了。

火焰山虽然不是真正的火山，没有熊熊燃烧的火焰，可是山上全都是红色的砂岩，远远望去一片红彤彤的。再加上山下戈壁滩上蒸腾起来的丝丝袅袅的蒸汽，看起来就像火焰在燃烧一样。

? 学到了什么

▶ 吐鲁番盆地热得要命，沙丘上的沙子里也能"煮熟"鸡蛋。

▶ 吐鲁番的火焰山上全是红石头，瞧着就像一团火。

"世界雷都" 听雷声

我去印度尼西亚的茂物玩，玩得很开心，但也被吓掉了魂。

茂物是有名的旅游城市，游客们应该玩得都很开心，怎么会被吓掉魂呢？

是不是遇上了车祸？是不是在森林里遇上了野兽？

放心吧，这里非常安全，让人吓掉魂的，是雷声。

哎呀！提起茂物的雷，就使人心惊胆战。那里几乎每天都打雷，有时候一天打好几次。这里的雷声特别大，伴着闪电，还真有些吓人。《三国演义》里说，刘备和曹操一起

想一想 猜一猜

- 这里可能是雷神的老家吧？
- 印度尼西亚有许多火山，会不会是火山爆发？
- 打雷有什么可怕的，真是胆小鬼。
- 是不是军事演习的炮声？

喝酒，谈论天下英雄，忽然一个炸雷响起，刘备假装吓坏了。如果他到这里，没准儿真的会被吓得钻到桌子底下。

我是小小科学家

茂物是有名的"世界雷都"。据统计，这里一年365天里，有322天会打雷。有时候一天要下几场雷阵雨，这样算下来，一年竟有1400多场雷阵雨

呢。不仅雷声隆隆，还伴随着瓢泼似的暴雨。说得准确些，这里几乎天天都是雷雨天。在哗啦啦的雨声中，一个接一个从天空直劈到地上的大炸雷，该是多么惊心动魄。

这里为什么成了世界上打雷最多的地方呢？

这和当地特殊的地形与气候环境有关系。

原来这附近围绕着高山，海上的湿热气团平移过来，没法儿一下子翻过高山，浓密的雨云只好沿着山坡抬升，抬升到一定的高度，就容易发生强烈的对流，并形成雷阵雨。刚刚雨过天晴，接着又开始酝酿下一场雷阵雨。

这里的雷雨这么厉害，住在这里的人们不怕吗？放心吧，他们习惯了。一天不打雷下雨，反而会觉得少了些什么呢。

雷阵雨大多发生在低纬度的热带地区。我国的云南、海南等地，也是雷雨特别多的地方。云南的勐腊，一年中大约128天都有雷阵雨，是我国的"雷都"。

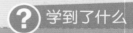
学到了什么

▶ 湿热气团在强烈对流的情况下，容易形成雷阵雨。

▶ 印度尼西亚茂物的雷阵雨特别多，是"世界雷都"。云南的勐腊是我国的"雷都"。

遭遇 "水平雨"

《哇啦哇啦报》消息，信不信由你

西双版纳的天气奇怪极了。

有一天，我到一个寨子里去拜访好朋友。人们常常说："出门看天色。"根据天色呈现出的天气状况才好准备太阳帽或是雨伞。我一大早起来，打开窗户看了看外面，一片静悄悄的，没有出太阳，也没有下雨，只有白蒙蒙的雾。这就好，不用带累赘的雨伞啦。

我穿过一团团浓浓的雾气，慢慢地朝前面走去。想不到没走多远，我的衣服就被打湿了。抬头一看，天上并没有下雨，真奇怪呀！

想一想 猜一猜

- 是不是下的毛毛雨，你没有注意？

- 是不是泼水节，一个傣族姑娘朝你泼了一盆水？

- 是不是树上躲着一只顽皮的猴子，悄悄地朝你泼水？

- 是不是树上的椰子漏水？

- 是雾气里的水吧？

- 这件事有些古怪，可能是妖精干的。

我是小小科学家

这是水平雨呀。

水平雨是怎么回事？听到这个名字，就知道这是来自水平方向的雨水。人们迎着茫茫的雾气走去，常常会觉得一阵阵湿漉漉的水汽迎面扑来。说它是雾吧，似乎可以沁出水珠。说它是雨吧，又不是天上落下来的，实在不好给它取名字，就叫作"水平雨"了。

哦，明白了。原来这是水汽过于饱和的雾气里凝结成的一种特殊雨水。云是雨的妈妈，雾也是雨的妈妈呀！

为什么这样说？因为云和雾本来就是一回事，只不过云飘浮在高高的空中，雾弥漫在低空罢了。云如果降下来就是雾，雾如果升起来也就是云啦。我们在山下看一朵云飘在山腰上，爬上山腰一看，周围一片雾气，那就是山下看见的云。

哦，明白啦，要想分清云和雾，只要看它的位置是高还是低，是不是挨着地面。云能凝结成雨，雾为什么不能凝结成雨呢？雾气里凝结形成的许多小水滴，就是"水平雨"了。

？ 学到了什么

▶ 雾和云一样，都能凝结成雨。雾气弥漫的时候，悄悄形成的水珠会沾湿衣服和别的东西，这叫作"水平雨"。

巨人的 餐桌

《哇啦哇啦报》消息，信不信由你

我来到了非洲的最南端——著名的好望角，心里说不出的高兴，觉得周围的一切都特别新鲜。

我好像走进了一本童话书里，心儿怦怦直跳，说不出是激动，还是害怕。

我激动什么？

因为我看见了一张特别大的石桌，好像一座山似的，高高地耸立在海边。谁能用这样大的桌子，当

**想一想
猜一猜**

- 这就是巨人的桌子。
- 这不是巨人的桌子，是一座像桌子一样的山。

我是小小科学家

第二个答案是对的。因为它很像一张桌子，所以人们干脆就把它叫作桌山。这是好望角的标志，从海上很远的地方就能看见。

桌山的山顶非常平坦，好像是平整的桌面。桌山四周非常陡峭，好像是桌面的边缘。望着奇怪的桌山，人们不禁会问：它是怎么形成的？

原来这儿的岩层几乎完全是平的，一层层平坦的岩层形成了这座平顶山。平坦的山顶就是岩层的顶面。由于岩石非常坚硬，能够抵抗风化剥蚀，所以就形成了这种平顶山。如果山顶的岩石非常松软，很容易被风化剥蚀。即使岩层是水平的，也不能形成平顶的桌山。

这种特殊的地质构造，叫作水平构造。好望角的水平构造造就了桌山。世界上其他地方，只要是同样的水平构造，加上顶部坚硬的岩石，同样可以形成桌山。

然只有童话里的巨人了。我猜，这准是巨人吃饭用的餐桌。只有巨人，才能用这么高、这么大的桌子。

我害怕什么？

当然是害怕用这张大桌子的巨人。和巨人相比，我就像是一只小小的蚂蚁。如果不小心被他踩一脚，还能活命吗？

我躲在海边、屏住气，偷偷地看巨人出来没有，等了好久也没有看见巨人，再看一下手表，这才松了一口气。现在不是吃饭的时间，巨人一定是出去玩了。我不如趁此机会爬上他的餐桌，看一看他吃了些什么东西。

不爬上去不知道。我爬上去一看，一切都明白了。原来这不是桌子，而是一座山。上面没有可口的食物，全都是硬邦邦的石头。难道巨人的胃口特别好，能吃下石头吗？

❓ 学到了什么

▶ 坚硬的水平岩层能够抵抗风化剥蚀，形成像石桌一样的桌山。

搞笑的 泥火山

不好了，这里的地面开裂了。

地面怎么会开裂，是不是要发生地震了？

不是的，等了好久，地面也没有动一下，不是可怕的地震。

不好了，地面发烫了。

好好的地面怎么会发烫，是不是地热现象？

不是的，这里从没有地热现象，怎么会突然出现？

不好了，地下冒出火光了。

这股火光就是从先前那道裂缝里冒出来的，是不是火山喷发？

不是的，火山喷发可厉害了，不会只冒出一点儿火光。

这也不是，那也不是，到底发生了什么事情？

过了一会儿，出现新情况了。

呼噜，呼噜，呼噜噜……地面忽然裂开，喷出了一股又一股黏稠的泥浆，冒着丝丝袅袅的烟气，还是滚烫的呢。

过了一会儿，不再往外喷泥浆了，地面上留下一大摊稀泥，空气里弥漫着一股类似皮蛋的气味。人们虚惊一场，什么不得了的事情也没有发生。

真奇怪呀！这到底是怎么回事？

想一想 猜一猜

- 这是地震的前兆。
- 这是地热现象。
- 这就是火山喷发，只不过比大型的火山活动轻微些。
- 这是一种特殊的地质现象。

我是小小科学家

泥火山不是真正的火山。别瞧它的名字里也带着"火山"两个字，但它和真正的火山差远了。

真正的火山有熊熊燃烧的地下岩浆涌出来，泥火山里往外涌的是天然气和地下的泥浆。

真正的火山喷发时，炽热的岩浆和喷射出来的火山灰能够夺去人们的生命，危险性很大。泥火山是纸老虎，呼噜呼噜喷出来的泥浆，不会对人们造成太大的伤害。既然和天然气有关系，那么它就可以作为勘探天然气的一个可靠标志。

 **学到了什么**

▶ 泥火山喷发是地下天然气外泄时，带着地下泥浆喷射而出的现象，和真正的火山活动不一样。所以有泥火山的地方，就会有丰富的天然气，是勘探天然气的一个可靠标志。

戈壁滩上的"史前石器"

《哇啦哇啦报》消息，信不信由你

人们在新疆天山的戈壁滩上，发现了大量稀奇古怪的石头。它们不是方的，不是圆的，全部是有棱有角的多面体。石头表面非常光滑，和普通的石头不一样。

再仔细一看，每块石头表面都涂着一层均匀的乌黑色或红褐色的"油漆"，就更加显得和平常的石头不一样了。

这种奇怪的石头真多呀！盖满了整个戈壁滩，数也数不清。

想一想 猜一猜

- 普通的鹅卵石都是圆溜溜的，这些石头怎么会是这个样子？没准儿是史前石器吧？

- 从磨光的程度看，工艺水平非常高超，加上表面还涂了"油漆"，怎么可能是史前原始人制造的石器呢？很可能是历史文物。这是一个重大考古发现。

- 这可能是一场陨石雨留下的吧？陨石的形状就是七扭八歪的，外面也有一层天然的"油漆"。

我是小小科学家

这不是人工制造的石器，而是一种特殊的天然石头。

戈壁滩是古代的洪积扇（暂时性河流在山谷出口处因水流分散而形成的扇状堆积地貌），一次次洪水冲刷带来了许多石头。

这里的风向变化很大。从附近沙漠吹来的风携带着大量砂粒，贴着地面不断摩擦石头表面，将石头磨得非常光滑，形成了一个磨光面。风向变化后，就换了一个方向摩擦石头，又形成了一个磨光面。几个磨光面连接的地方，自然就形成了一道道锋利的棱线，最后就成为特殊的棱体了。这种经风沙长期磨蚀而形成的多面多棱石头，在地质学上被称为"风棱石"。

干旱的戈壁滩上，蒸发非常强烈。被蒸发的水分带着石头内部的盐分，沿着毛细管似的裂隙一直到石头表面沉淀下来，再经过风沙的摩擦，就形成特殊的"油漆"了。

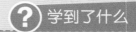 **学到了什么**

▶ 戈壁滩是干旱地区的一种古代洪积扇。

▶ 戈壁滩上的细小砂粒早已被风吹到了别处，所以这里只留下了风力无法吹动的石头。

▶ 风棱石表面的"油漆"，是强烈蒸发后，一些化学物质留在石头表面，再经风力磨蚀的结果。

沙漠 指路牌

《哇啦哇啦报》消息，信不信由你

茫茫沙漠无边无垠，没有一个人，没有一条路，也没有一座房子。除了呜咽的风声，身边连一丁点儿声响也没有。我一个人踩着又松又软的沙子，一步一陷地往前走，越走越觉得不对劲，不知道走到了什么地方。更加可怕的是风越刮越大，卷起一阵阵黄沙，笼罩住天空和大地，连头顶的太阳也看不见了。

想一想 猜一猜

- 没准儿沙丘里面藏着好心的精灵，可以指引你出去。
- 仔细研究面前的沙丘，也许能够钻研出一点儿指示方向的科学道理。

我是小小科学家

沙漠里最常见的是新月形沙丘。这是风力堆积的地形。它有两个弯弯的尖角，总是顺着风向伸展出去。只要知道当时当地的盛行风向，就能根据新月形沙丘的尖角判定正确的方向，这样就不会迷路了。

不好，我在沙漠里迷路了。我一下子想起了许多恐怖的故事。古往今来不知道有多少人由于在沙漠里迷路，永远失去了消息。我会不会是同样的下场？会不会渴死、饿死，或是被风沙掩埋、被太阳晒晕？

我心慌了，连忙拿出手机呼救。

远方的朋友告诉我："别急，太阳可以指示方向。"

我没好气地说："现在风刮得乌烟瘴气的，要是能看见太阳，我何必问你？！"

他又问："你带着罗盘吗？可以顺着罗盘指针指示的方向走。"

我叹了一口气，说："唉，我忘记了带罗盘，现在后悔也晚了。"

说着，我不禁呜呜地哭了起来，告诉他："除了周围高高低低的沙丘，我什么也看不见，该怎么办才好？"

他听了，安慰我说："有沙丘就好。每一座沙丘都是一个指路牌。"

他的口气非常认真，不像是开玩笑。可是，不会说话的沙丘当真能够把我带出大沙漠吗？

❓ 学到了什么

▶ 风力形成的新月形沙丘，两边的尖角总是顺着风向伸展。这不就是可靠的指路牌吗？

达坂城的风

《哇啦哇啦报》消息，信不信由你

你知道新疆的达坂城吗？你听过《达坂城的姑娘》这首有名的歌曲吗？

达坂城只有美丽的姑娘吗？不，达坂城的风更加有名气。

达坂城的风到底有多大？据说，每当遇到大风天的时候，乌鲁木齐县萨尔达坂乡中心学校的孩子们就要背上满满一书包的石头，这样才能在风里站稳身子，摇摇晃晃地走到学校。老师们看见了，忍不住泪水直流。

为什么孩子们要背着石头上学？因为这里靠近有名的达坂城风

想一想猜一猜

- 哪有这回事，那里的孩子又不是傻瓜。
- 真有这回事。因为那里的风太大了，不背着石头，就会被风吹上天。
- 嘻嘻，这是开玩笑吧？
- 这是在锻炼身体吧！
- 那不是石头，是馒头。

口，风特别大呀！孩子们如果不背着石头增加自己的重量，没准儿就会被大风吹上天去。

 我是小小科学家

这是真的。达坂城的风特别大，是有名的"三十里风区"，我国著名风口之一。那里几乎天天刮大风，最大风力可以达到12级以上。风刮得最猛的时候，风速一秒钟就超过40米，真厉害呀。

为什么达坂城的风这么大？这和当地特殊的山口地形有关系。达坂城属于季风气候，风向与峡谷的走向一致，风经过这里时会集中穿过狭窄的山口，风力就变得特别大。

这里山口的风到底有多大？请看下面的例子吧。

1961年的夏天，一列从上海开往乌鲁木齐的列车，受到一股大风的袭击，竟一下子被掀翻了十节车厢。其中一节甚至被吹到了空中，骨碌碌翻滚了一圈才落下来。孩子们每天顶着这么大的风上学，家长们能放心吗？他们挖空心思才想出背石头的办法，这也是没有办法的办法呀。

大风带来的也并不全是坏处。人们利用强大的风力，在达坂城建造了风力发电站。

? 学到了什么

▶ 达坂城的风特别大，一年中几乎每天都刮大风，最大风力可以达到 12 级以上。

▶ 为什么达坂城的风这么大？因为这里位于风口，在特殊的"狭管效应"的作用下，风力就变得特别大，甚至可以吹翻行进中的列车。

▶ 达坂城利用强大的风力，化害为利，建造了风力发电站。

魔鬼城的遭遇

《哇啦哇啦报》消息，信不信由你

我在茫茫的荒漠里，稀里糊涂地闯进了一座古城堡。

这个地方距离有名的"石油城"克拉玛依北边大约 100 千米。

那天，我独自开车经过这里，天色渐渐暗淡下来，很快黑暗就笼罩了原野。风贴着地面呼呼地吹，卷起一阵阵沙子。风声里夹杂着一声声狼嚎，仿佛狼群离这里越来越近了。想不到在这个节骨眼儿上，油箱里没有油了。汽车没法儿往前开，我只好在路边停下来，听着越来越紧的风声和狼嚎声，心里直发慌。

我抬头一看，看见不远处显现出一座城堡的影子，不由心中大喜，连忙拔腿跑过去，想找一户人家投宿一夜。

谁知，我走进城堡，顺着一条条巷道东转西转，转悠了老半天，也没有找着一户人家。两边高高的岩石墙壁好像屏风似的，布置了一个迷宫，甚至连门窗也没有，哪有什么人家？

我越看越迷惑，这不像是人住的地方，倒像是神话传说里的魔鬼城。想到这里，我拔腿就跑，也顾不得外面有没有恶狼了。

想一想 猜一猜

- 这里可能真的是魔鬼居住的地方。多亏你跑出来了，要不就麻烦啦。
- 这里是不是古代西域的一个遗址？
- 这里会不会是外星人的基地？
- 这里没准儿就是狼窝吧？
- 这是不是一种自然奇观？

我是小小科学家

　　这个地方叫作乌尔禾，就是有名的"魔鬼城"。可是你别听见"魔鬼"两个字就害怕。叫这个名字，不代表这里真的有魔鬼，只不过表示它非常神秘罢了。

　　千万别疑神疑鬼的，这是一种荒漠地貌类型，和魔鬼没有一丁点儿关系。

　　原来这里是水平岩层分布的地方。风沙顺着岩层里纵横交错的裂隙不断磨蚀，经过千万年，逐渐开辟了一条条"巷道"，便形成了这座奇异的"城堡"。地质学家给它取了一个非常恰当的名字，叫作"风城"。这里既没有人，也没有魔鬼，只有一股股风。

? 学到了什么

▶ 这座"魔鬼城"是风沙在水平岩石里磨蚀形成的，又叫"风城"。

"怪坡"之谜

《哇啦哇啦报》消息，信不信由你

俗话说："下坡容易上坡难。"想不到竟然还有"上坡容易下坡难"的怪事。在沈阳郊外的沈哈公路上，就有一个这样的"怪坡"。

1990 年 5 月的一天，一辆车经过这里的时候，司机把车停在坡脚，然后下车休息。等他回来时一看，简直不敢相信自己的眼睛，只见已经熄火的面包车竟然在无人驾驶的情况下，自己顺着坡路从坡脚滑行到坡顶，一直滑行了将近 60 米

想一想 猜一猜

- 请交警检查一下，看看这个司机是不是喝醉了。
- 司机在玩杂技，倒立时，才会看见这个现象。
- 可能是有人悄悄地用绳子把汽车拖上山坡的。
- 可能是地球磁场特殊作用的结果。

我是小小科学家

科学家对这个"怪坡"进行了认真的科学考察。他们来到这里，首先将一个塑料球和一个铁球并排吊起来，发现两个球纹丝不动，没有任何特殊的磁力反应。

然后又用罗盘检查，也没有发现磁场异常。

接着，又把水倒在地上，能清清楚楚地看见水往所谓的"坡上"流去，和汽车自由滑行的方向完全一致。

经过反复测量，终于真相大白了。原来这里开始的一段路的确是20米左右的下坡路，继续往前走，就悄悄地转变为上坡了。所谓"怪坡"就在那一段上坡路上。只不过这里比它前后两段上坡路相对平缓，人们不容易察觉，误认为从头到尾一直都是上坡路。

原来这个所谓的"怪坡"，正好处在两段陡坡之间。从一端抬头往前看，迎面是山。从另一端往后看，是路面和天空的交界线。四周全是倾斜的山坡，找不到一个可以作为基准的水平面。在这种地形地貌的烘托下，人们的视觉很容易出现误差。加上路边一些石柱统统都是歪斜的，大约倾斜了5°，更加强了人的错觉。甚至一个雕像的底座还故意做成歪的。这不是什么自然之谜，而是视觉误差，加上人为故意制造的一些假象，迷惑了许多不明真相的人。

远，直到车轮被一块石头挡住才停了下来。

消息传出去后，一下子就轰动了。当地旅游部门觉得这儿有开发的价值，干脆就在路边竖了一块石碑，上面刻着"怪坡"两个大字，号称"天下第一怪坡"，从此这里被开发为景点。一时引来无数好奇的游客，大大地火了一把。

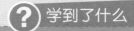 学到了什么

▶ 所谓的"怪坡"并不存在，是视觉误差造成的。

烧不坏的"火浣衣"

《哇啦哇啦报》消息，信不信由你

据说，周穆王征伐西戎（古代部落名称）的时候，得到了一种奇怪的火浣布。这种布不用水洗，只要放进火里，再拿出来轻轻一抖，就干干净净了。

东汉末年，有一个叫梁冀的大将军，家里有一件古怪的袍子。为了向别人展示这件袍子，他大摆酒席，请了许多客人来。他得意扬扬地穿着这件袍子，在客人中间走来走去，展示给客人看。在敬酒的时候，他故意和客人抢酒杯，弄脏了袍子。

他假装生气地说："我不要这件袍子了，干脆把它烧了吧。"

说着，他就脱下了这件袍子，顺手丢进旁边的火盆里，客人们觉得实在太可惜了。可是这件衣服不但没有被火烧坏，反而焕发出了新的光彩。

一会儿火熄了，他拿起这件衣服一看。哎呀！谁也想不到，衣服好像新的一样，一点儿也没有坏。

客人们好奇地问："这是什么料子做的，怎么烧不坏呢？"

梁大将军这才不慌不忙地说："这是火浣布，压根儿就烧不坏。"

想一想 猜一猜

- 他在吹牛，世界上哪有烧不坏的衣服。
- 根本就没有这件事，是乱编的。
- 没准儿是变魔术吧？
- 别冤枉好人，可能是真的呢。

我是小小科学家

这是真的，古人说的火浣布其实就是石棉。

石棉的确不怕火烧。它的纤维很长，可以用来做衣服。消防队员和炼钢工人穿的工作服，就是用石棉做的。

石棉耐热、隔热，是一种绝缘材料。利用石棉纸可以做电工材料，石棉垫片可以运用在电力和汽车工业上。它还有耐酸碱侵蚀的特性，石棉隔膜布可以用在制碱工业上。石棉水泥板、石棉瓦、石棉水泥管是很好的建筑材料，石棉沥青可以用来铺路。石棉有多种用途，一下子说也说不完。

中国对石棉的开发和利用历史悠久，石棉产量也很多。四川有一个出产石棉的地方，就叫石棉县。

 **学到了什么**

▶ 石棉不怕火烧，可以做防火的衣服。

▶ 石棉还有绝缘和耐酸碱侵蚀的特点，用途非常广泛。

▶ 中国使用石棉的历史悠久。

不翼而飞的货物

从前，有人从欧洲运了一批货物到位于赤道附近的非洲。船到港后，搬下货物一称，发现少了许多。收货人不愿意接收，质问发货商到底发了多少货物。发货商急了，连忙取出发货单仔细核对——没有错呀！经过发货商的手，发来的货物就是这么多，是不是对方的秤有问题？

这么一说，收货人不高兴了。经过重新称重，还是那么多，收货人怀疑发货商有欺诈的行为，更加不高兴了。发货商感到十分委屈，明明按原数发出去的货物，怎么会少了呢？问题到底出在什么地方？是不是运输环节有什么问题？

他这样想，也是合乎情理的。一方发货无误，一方收货的时候发现货物少了，当然就会把怀疑的目光转到负责运输的船长身上。

船长一听，一下子怒了。他觉得自己从事海上运输行业几十年，信誉一直都很好。手下的水手都是他亲自挑选出来的，全都是诚实可靠的人。再说，这些货物不是粮食和水果，不会发生常见的鼠害和水分减少的问题。一路上没有在中间港口靠岸，也没有遇着海盗，排除了外来盗窃抢掠的意外事故。他们这么说，大大损害了自己的声誉，往后还怎么做生意？

💡 想一想 猜一猜

- 准是发货商少发货了。
- 准是半路上货物被转移了。
- 准是收货人故意欺诈。
- 他们都没有问题，是秤的问题。

我是小小科学家

这是物体在不同纬度重量发生变化所造成的。

要知道，物体的质量和重量不是一回事。质量是物体本身固有的属性，有多少就是多少，不管在什么地方都不会发生改变。重量就是另外一回事了。重量由物体所受地心引力的大小而定。离地心越近的地方，引力越大，所以重量也越大。非洲在低纬度的赤道地区，所受的地心引力比欧洲小，所以货物从欧洲运送到这里，重量减轻了。

哦，原来在这桩公案里，所有的人都是诚实的，只是地心引力跟大家开了一个小小的玩笑而已。

这也不是、那也不是，少的货物究竟哪里去了？

 **学到了什么**

▶ 物体的质量和重量不一样。质量和物体本身的属性有关，重量由物体受地心引力的大小而定。纬度不同的地方，所受的地心引力不同，所以物体的重量也会发生变化。

江上"鬼门关"

长江三峡水利枢纽工程建成后，江水水位提高，往来航行的船只再也不用提心吊胆了。以前是什么情况呢？我采访了一位老船员。

想一想 猜一猜

- 真是这么回事，青滩、泄滩、崆岭滩最危险。
- 三峡里的险滩都是一样的，没有什么不同的地方。

他吧嗒着旱烟，深深地叹了一口气，说："唉，那时候三峡里的险滩很多，航行真危险哪！"

我问他："三峡里有哪些危险的险滩？"

他放下了手中的旱烟管，慢悠悠地吐出一缕缕青烟，回忆道："千百年来，三峡水手中流传着一句话：'青滩泄滩不是滩，崆岭才是鬼门关。'这三个险滩最有名，也最危险。"

我是小小科学家

青滩、泄滩、崆岭滩全都在西陵峡里。

在西陵峡上段，有一个泄滩。这里的南岸伸出一道长长的岩埂，好像堤坝似的挡住汹涌的水流。正对面的北岸有一条沟，又伸出一个巨大的洪积扇，占据了大半个河面，把江水紧紧地约束住，河床变得非常狭窄。在这个瓶颈似的水道里，水流特别湍急。夏天洪水滔滔，一股水流奔腾咆哮着冲出来，不管是上水船还是下水船都得特别小心，号称"洪水第一险滩"。

青滩位于兵书宝剑峡和牛肝马肺峡之间，又叫新滩，后面这个名字比前面那个名字还有名。这是山崩造成的一个大滩。这儿的江心密密麻麻地布满了大大小小的石块，全都是从两边的山坡上坠落下来的，几乎堵塞了整个河床。其中有的礁石比一幢房子还大，江水根本就冲不动。这个滩在枯水期水落石出的时候特别危险，江水从礁石缝里哗啦啦地流下来，仿佛瀑布一般。下水船穿过杂乱无章的礁石向前行驶，就像从瀑布上面冲下来，一不留神就会触礁沉没。上水船要翻过这道坎儿更不容易，号称"枯水第一险滩"。

出了牛肝马肺峡，来到了崆岭滩，这是真正的"鬼门关"。因为这里是古老的岩浆岩露出的地方，江心到处都是坚硬的礁石，非常危险。从前来往船只要经过这里，必须卸空客人和货物，小心翼翼地拉着空船过去，所以叫作"空舲滩"。为了不让旅客感到害怕，尽量缓和危险的气氛，后来才改名叫作"崆岭滩"。

长江三峡里的险滩不仅数量多，而且种类也特别齐全。从前没有修建三峡水利工程的时候，个个都是名副其实的"鬼门关"。

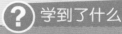

? 学到了什么

▶ 峡谷里有许多险滩，得弄清楚它们形成的原因。山崩、滑坡、泥石流以及江心的礁石，都可以形成险滩。只要知道了原因，就可以一边预防一边治理，尽量降低险滩的危险性了。

"泼水现竹"奇闻

《哇啦哇啦报》消息，信不信由你

四川仁寿黑龙滩水库边，有一座古寺。在这座寺庙里一个佛龛旁边的陡崖上，有两片光秃秃的石壁。别瞧这里什么东西也没有，却隐藏着一个秘密。只要用水泼上去，石壁上立刻就会显现出字画。佛龛右边是一幅生动形象的竹子图，是北宋名家文同留下的作品。左边是一段南宋年间的题词，看得非常清楚。

为什么平时看不见，只有泼水后才能看见？这被认为是千古之谜，在民间有许多种说法。

有人说，"泼水现竹"的秘密在于特殊的墨汁。这种墨汁是使用松烟、煤烟，加上乌龟尿，在铜炉内炼制而成的。

有人说，文同是苏东坡的好朋友。苏东坡赠送给他一种有魔法的墨，他才画出了这种能够时而隐形、时而显露的画。

有人说，这是因为当地树荫下有一种特殊的地气，加上河水蒸腾

想一想 猜一猜

- 第一种说法是对的，这是一种特殊的墨汁。

- 第二种说法是对的，苏东坡号称"坡仙"，仙难道不懂魔法吗？

- 第三种说法是对的，可能是地气加水汽的结果吧。

- 第四种说法是对的，前面几种说法都不科学，谁会相信？看样子这就是一种化学作用，这才是科学的结论嘛。

产生的水汽，才在石壁上显现出图像的。

还有人说，这是因为当地的岩石内含有钾，遇水能生成氢氧化钾。

这到底是怎么回事？一直到现在也说不清。

我是小小科学家

这些说法都不对。为了解开这个谜团，某电视台栏目组找到成都理工大学，共同进行调查、研究工作。经过仔细观察后，确定这里的崖壁是白垩纪的紫红色砂岩，其中不含钾的成分。不消说，前面那些说法不能成立。

这幅壁画和题词原本是可以看见的。后来到了明代，一个和尚为了重新整修寺庙，用涂料把整个佛龛粉刷了一通，字画就被掩盖了。后来涂料渐渐剥落，下雨后石壁沾了水，水分从涂料的缝隙里浸了进去，迅速渗透到画面上。通过光线的折射，就使得被涂料掩盖的壁画和题词非常清楚地显现出来了。

哦，原来这不是化学作用，而是物理作用啊！

？ 学到了什么

▶ 无孔不入的水分能够形成光线折射，使被掩盖的图像显示出来。

天河带来的石头

在成都的一个公园里，有一块神秘的石头，叫作支机石。据说，当年张骞出使西域的时候，走了很远很远，想不到竟然闯到了天河边，遇见了正在纺织的织女。这块石头就是织女用来支纺织机的。他将石头带了回来，作为去过天河的见证。现在这块石头就在成都，谁不信的话，就去看一看吧。成都人都为它感到骄傲，不仅把它陈列在公园里，让大家参观，从前还有一条街就取名叫作支机石街呢。

有人看了说："哎呀！这是一块第四纪冰川带来的漂砾，可以作

想一想 猜一猜

- 张骞是在做梦吧？
- 哈哈，张骞准是酒喝多了，胡言乱语的。
- 这是第四纪冰川带来的一块漂砾。
- 这是古代文明的遗迹。

为第四纪冰川曾经掩盖过整个成都平原的证据。"

有人这么说，有人那么说，谁也不服谁。

我是小小科学家

哈哈！世界上哪有这样的事情。张骞不是航天员，怎么能够飞到天上去？再说，银河上全是亮晶晶的星星，也没有织女的影子呀。

这也不是什么第四纪冰川带来的漂砾。冰川固然可以搬运大石头，但世界上的大石头却并不都是冰川搬运来的。

这是古时候的一块墓碑。原始部落为了纪念祖先，就在墓前竖立一块大石头作为标志。由于当时没有文字，所以并没有碑文。这种远古习俗叫作大石文化。远古时期，世界上许多地方都有这种习俗，一点儿也不稀奇。

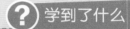 学到了什么

▶ 原始部落时期就有土葬的习俗。

▶ 千万别神经过敏，瞧见大石头就认为是第四纪冰川搬运来的。

▶ 古时候人们为了纪念祖先，用大石头做墓碑。因为那时候没有文字，所以石头上没有碑文。

▶ 大石文化是远古时期一种以巨大的石结构建筑为标志的古代文化类型。

特殊的"手气筒"

《哇啦哇啦报》消息，信不信由你

古时候没有路灯和手电筒，路也不宽，更没有柏油路。黑沉沉的夜晚，走路怎么能看得清楚？

信不信由你，2000多年前有人发明了一种特殊的"手气筒"。只要拿着它，就不愁晚上看不清楚路了。

"手气筒"是什么东西？

它是用竹筒灌进天然气做成的照明工具。点燃了，就可以借着它的亮光照明啦。

这个有趣的"手气筒"是谁发明的？

因为时间太久远了，现在还没有弄清楚。

想一想 猜一猜

- 我才不信呢。世界上只有手电筒，哪有什么"手气筒"。
- 我们的祖先很了不起，说不定这是真的。

它是在什么时候，什么地方出现的？

在四川邛崃！秦国占领了蜀国后，在这里建立了临邛郡。"手气筒"的故事就是从这里传出来的。

我是小小科学家

四川邛崃境内，是世界上最早发现天然气的地方。早在秦汉时期，这里就开发了天然气。据《华阳国志》中记载，这里有一种特殊的"火井"，晚上常常冒出熊熊火光。人们要用火时，只要向井里丢下火种，立刻就能发出打雷一样轰隆隆的声音，引燃一股大火，火光可以照亮好几十里。《蜀都赋》一文，把这里的"火井"燃烧的情况描写得非常生动。因为有"火井"，西晋时期干脆就在这里建立了火井县，直到今天还有一个火井镇。

谁是最先使用天然气的人？这个问题已经弄不清楚了，不过有一个人开发过天然气倒是真的。他就是卓文君的父亲卓王孙。秦始皇统一六国后，害怕人们造反，就把许多六国贵族迁移到边远地方。赵国贵族卓王孙，也被迫带着一大家人迁移到了临邛。卓王孙非常聪明，瞧见这里有天然气，又有铁矿，就利用这里的天然气炼铁，很快就成了大富翁。说他是世界上最早开发天然气的企业家，一点儿也没错。

其实最早人们不是用天然气炼铁，而是用来熬盐。四川盆地里的盐井也是世界上最早出现的。

这里不但有丰富的天然气，还是盛产竹子的地方。人们想到利用竹筒装天然气，一点儿也不奇怪。不必苦苦考证"手气筒"是谁发明的。它的发明者就是勤劳智慧的人。

据说，诸葛亮也是一位了不起的天然气专家。临邛地区的"火井"到了三国时期火势就渐渐微弱了。诸葛亮去视察，指导天然气生产以后，"火井"的火势又旺盛起来。说他是天然气专家，难道有什么不恰当的吗？

？ 学到了什么

▶ 四川邛崃是世界上最早开发天然气的地方，人们不仅用来熬盐、炼铁，还发明了特殊的"手气筒"。秦代的卓王孙和三国时期的诸葛亮都算得上是天然气专家。

游客发现的 铁矿

《哇啦哇啦报》消息，信不信由你

峨眉山下有一个院子，每到夏天常常有成群结队的大学生，腰别地质罗盘，手提地质锤，在这里进进出出。这里是成都理工大学的实习基地，峨眉山的地质现象非常丰富，在这里实习再好不过了。

有一天，一个游客兴冲冲地来到这里，向带队的地质老师报告："我在山上发现了一个大铁矿！"

真有这回事吗？他两眼放光地说出了自己的根据。原来他是一个地质科学爱好者，在登山的时候，特地边走边观察罗盘指示的方向。当他走到山腰的时候，罗盘指针指向一个方向。到了山顶，罗盘指针指示的方向不一样了。为什么罗盘指针指示的方向会发生变化，而不是指着一个固定的方向？是不是被什么看不见的东西吸住了。

什么东西能够吸住罗盘指针呢？他一下子就想到了吸铁石，进一步联想到磁铁矿，认为这里必定有大量的铁矿石。

哎呀！这可是了不起的发现。峨眉山是旅游胜地，每年有好几百万游客到这里来，也有许多地质

想一想 猜一猜

- 罗盘不会错，这里肯定有一个大铁矿，应该给这位热心的游客颁发一个大奖章。

- 他的罗盘是不是假冒伪劣产品？应该追查厂家，移送消费者协会进行严肃处理。

- 他没有受过专业培训，也许是弄错了。

学家考察过，居然没有一个人知道自己的脚下静悄悄地藏着一个大铁矿。他发现了这个秘密，怎么能不高兴得跳起来呢？

 我是小小科学家

　　成都理工大学的几位地质学教授听了这个游客的报告后，首先肯定了他的积极性，然后告诉他，情况并不是他想象的那样。峨眉山山顶和山腰处都有玄武岩分布，玄武岩里含有铁的成分，会使罗盘指针发生偏移，这一点儿也不奇怪。山顶和山腰处的玄武岩虽然同是古生代二叠纪的，却有时间先后的差别。要知道地球磁场不是固定不变的，在不同的时代，由于地球磁场的变化，玄武岩里所记录的古地磁要素也不一样，罗盘指针在不同地方指示的方向有一些差别也就不足为奇了。

　　哦，原来是这么回事。这位游客尽管有些失望，但还是为学到了一些地质学知识而感到高兴。

? 学到了什么

▶ 玄武岩里含有铁的成分，可以影响罗盘指针指示的方向。

▶ 地球磁场在不同地质时期有变化，在带磁性的岩石里的记录也不同。

会 "飞" 的 小山

《哇啦哇啦报》消息，信不信由你

杭州灵隐寺外面，有一座奇怪的小山和周围的山大不一样，周身都是大大小小的窟窿眼儿，好像江南园林里一块奇异的太湖石。

东晋时期，有一个从印度来的和尚看见了它，惊奇地说："咦，

> 💡 **想一想**
> **猜一猜**
>
> - 外来的和尚会念经。外国和尚见多识广，他说的还会有错吗？
> - 古时候有 "愚公移山" 的故事，这是不是同样的例子？
> - 没准儿是岩石不同而造成的。
> - 是不是板块漂移，把印度的一座山送到这里来了？

这不是印度灵鹫山前的那座小山吗，怎么'飞'到这儿来了呢？"

从那天开始，人们就把它叫作 "飞来峰" 了。

我是小小科学家

天下相同的山很多，那个印度和尚肯定是看花了眼。人力不可能搬运这么大一座山，板块漂移也不会单独把印度中部的一座山送到这里来。

地质学家现场考察后，发现所谓的"飞来峰"是石灰岩，周围的山丘都是砂岩。岩石不同，形成的地貌当然也就不同。

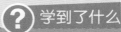 学到了什么

▶ 不同的岩石形成的地貌不一样。

引错路的罗盘

朋友们，我要去北极了。临走的时候有人提醒我："北极在北冰洋上，到处一片白茫茫，没有任何特殊的标志物，也没有人可以问路。你怎么能够找到北极点？"

我满怀信心地说："不用担心，我带着罗盘呢。有它指引，我一定能顺利地到达北极点。"

那个好心人不再多说话了，笑嘻嘻地祝我一路平安，叫我到了目的地别忘了打一个电话，向大家报告好消息。

我告别了朋友们，满怀信心地踏上征程。一路上边走边看罗盘，放心大胆地往前闯。走了不知道多少天，终于到了一个地方。在那里，罗盘的指针显示，四面八方都是南方，这里应该就是北极点了，我立刻美滋滋地给朋友打电话报告好消息。

谁知，朋友的一个提问一下子使我迷糊了。他提醒我测量一下所在的位置，是不是真正的北极点。我仔细测量后，得出结果，简直不敢相信自己的眼睛了。想不到这里距离真正的北极点竟然还有一段距离——我压根儿就没有到达目的地。

想一想 猜一猜

- 准是罗盘坏了，引偏了路。
- 罗盘是好的，是北极点悄悄移动了吧？
- 罗盘和北极点都没有问题，是他自己的脑袋出了问题。

我是小小科学家

　　罗盘、北极点都没有问题，问题出在他不明白地磁北极和地理北极的关系。

　　指北针真的指示北方吗？对准它指示的方向一直往前走，是不是就能够走到地理北极？

　　不，按照这个方法一直往前走，永远也别想走到真正的北极点。

　　请问，这是为什么？

　　说来道理很简单，因为地磁北极和地理北极压根儿就不在一个地方。1909年1月16日，美国考察队首先确定磁极的位置，计算的结果为地磁北极位于南纬72° 25′、东经155° 16′处。根据实际观察，磁极每年大约移动10千米。据1965年测定，地磁南极位于东经139.9°、南纬66.6°的南极洲威尔克斯附近，地磁北极位于西经100.5°、北纬75.5°的北美洲帕里群岛附近。在地理南北极和地磁南北极之间，换言之在地理子午线与地磁子午线之间有一个磁偏角，必须把磁偏角算进去，才能走到真正的南北极点。

　　地球上的磁偏角在不同地方和不同时间都不一样。例如，1960年测定，北京的磁偏角是偏西5° 45′，广州为偏西0° 56′。过了十年之后，北京的磁偏角变为偏西5° 54′，广州变为偏西1° 10′了。

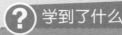 学到了什么

　　▶ 指南针只是指示地磁北极。地磁北极和地理北极是两码事，不在同一个地点。地磁北极还会移动，就更不能仅依靠指南针走到地理北极了。

火辣辣的焚风

《哇啦哇啦报》消息，信不信由你

美国南加州是"火神"常常光顾的地方，几乎每年都会发生火灾，有时候一年之内发生好几次，真叫人头疼！

2003年发生的一场特大火灾特别离奇。消防队员刚刚赶到一个火场，旁边另外一个地方就又起火了。大大小小的火头吞没了成片的森林，烧毁了数不清的房屋，数以千计的难民被迫逃离家园。火势最严重的时候，距离"电影之都"——洛杉矶市只有80千米左右。如果大火再继续烧下去，就可能连同好莱坞一起都烧光。

这场大火惊动了美国政府，连忙宣布洛杉矶处于紧急状态，并调动大批救火力量，好不容易才扑灭了这场大火，挽救了洛杉矶和其他一些城镇。

想一想 猜一猜

- 准是一个坏蛋干的。
- 是不是恐怖分子袭击？
- 是一个醉汉干的吧？
- 是孩子不小心点燃的火吧？
- 可能是好莱坞拍电影时，不小心引发的火灾。
- 可能是老天爷干的，是一场自然原因引起的山火。

事情过去了，人们才定下神来仔细寻找原因。如果抓住纵火犯，肯定让他没有好果子吃。警方不放过任何疑点展开调查，最后在科学家的配合下，终于查明了真相。请你猜一猜，谁是纵火犯？

我是小小科学家

这是人为纵火吗？

不，根据最后调查的结果，这不是人为纵火，而是翻过落基山的焚风干的坏事。警察满脸苦笑地说："我们能抓罪犯，但没有办法抓住一股风啊！"

焚风是一种特殊的翻山气流。当它翻过高山的时候，每下降1000米，温度平均要升高6.5℃。南加州东边的落基山有4000多米高。从这么高的山上翻过来，顺着山坡下降的焚风温度就会升高20~30℃，变成了一股名副其实的热风。南加州的气候本来就很干燥，一年里很少下雨，茂密的森林好像是一个大干柴堆，遇着这股热风，就很容易起火了。

焚风引起的火灾，不仅在南加州时常发生，在别的山区也常常发生。

焚风也不是完全不干好事。在落基山北段，翻山过来的焚风可以融化积雪，使牧草迅速生长，有利于畜牧业的发展。因此人们有时也会开心地把它称为"吃雪者"。在高加索和中亚塔什干绿洲，温度不算太高的焚风还能令气温升高，使玉米和果树的成熟期提前，当地人还十分亲昵地把它称作"玉米风"呢。

 学到了什么

▶ 焚风是一种翻山的热风，可以引起火灾，也能融化积雪。虽然它常常干坏事，但也不是完全没有好处。

高山顶上的雪线

《哇啦哇啦报》消息，信不信由你

在"世界屋脊"青藏高原上，抬头看珠穆朗玛峰，只见高高的山顶上积满了皑皑白雪，好像戴着银光闪闪的头盔，耸立在群山中间，像是统率千山万岭的大将军，真威风啊！

再一看，在积雪的下面，有光秃秃的岩石山坡，岩石山坡下面是草地，草地下面是森林，分布得很有规律。如果不是寒冷的冬天，并不是满山都覆盖着冰雪。

只有珠穆朗玛峰是这个样子吗？

不，请你耐心地观察别的高山。你会发现所有的高山顶上都有一条奇怪的界线。和珠穆朗玛峰一样，上面满是冰雪，下面却没有冰雪覆盖，上下两个部分分得清清楚楚的，真是奇怪极了。

想一想猜一猜

- 是不是老天爷偏心眼儿，只在这里的山顶下雪，不在半山腰和山脚下雪？

- 可能半山腰和山脚下的雪被清洁工打扫干净了。山顶上的积雪不归他们管。

- 半山腰和山脚下的风大，把积雪统统吹光了，只留下山顶的积雪。

- 是不是因为上面地形平坦、下面地形陡峭，所以冰雪没法儿在下面堆积起来？

- 因为山上山下的气候不一样，山顶很冷，山腰和山脚下没有那么冷，所以才造成这个现象。

我是小小科学家

最后一个说法是对的。这条神秘的分界线叫作雪线。因为山越高温度就越低，积雪可以长期保存。而山的下部温度相对高一些，冬天的积雪很快就融化了，就形成了这条界线。

? 学到了什么

▶ 哦，明白啦，气温有随着高度上升不断降低的规律。在气温下降到了冰点的地方，就会形成一条天然的雪线了。雪线是高山上的气候界线。

▶ 你登山时，千万别偷懒。不管山脚下多热，都要带上羽绒服。要不，准会被冻成"冰棍"。如果你嫌羽绒服太重，就带一瓶感冒药，做好打喷嚏、流鼻涕的准备吧。到了山顶的时候，感冒药就用得着啦。

漂浮在水上的 石头

《哇啦哇啦报》消息，信不信由你

如果把一块石头丢进水里会怎么样？

哈哈！这还用说吗。因为石头很重，准会"咕咚"一声就沉入水底。古时候还有人用石头做船锚呢。广州附近的一座汉墓里，就曾经发掘出一个石锚，可以作为证明。

世界之大无奇不有，你不知道的事情还有很多呢。信不信由你，有的石头不但不会沉入水中，反倒能漂浮在水面上。

哈哈！别骗人了。石头不是木头，怎么能漂浮在水面上？

你不信吗？请你来看看吧。当海上火山喷发的时候，常常会喷出一些大大小小的黑石头。这些黑石头落进大海里，不仅不会下沉，反而还能随着波浪一起一伏地在海上漂浮，不管波浪多么汹涌，也没法儿将它打沉。

想一想 猜一猜

- 这准是一块烧焦的木头。
- 不用多说了，这就是掉进水里的马蜂窝。
- 这是真正的石头。没准儿中间被掏空了，才能漂浮在水面上。
- 什么东西都不是，是你在做梦吧？
- 吹牛大王的话，连幼儿园的小孩子也骗不了。
- 是不是哈利·波特的魔法？

咦，这可奇怪了！捞起来仔细一看，这些黑石头非常古怪。周身都是密密麻麻的眼儿，活像是一个马蜂窝的化石。

再一看，石头表面还时不时会冒出丝丝袅袅的黑烟呢。

我是小小科学家

统统说错了。这是火山喷发出来的浮石。火山喷发的时候，有许多气体藏在这种石头里面，形成许多密封的气孔，这样它就可以漂浮在水面上啦。

？ 学到了什么

▶ 哇，想不到石头也能漂浮在水面上。

▶ 这是火山喷发造成的。火山喷发的时候可要躲得远一些，小心这些从天而降的"烫石头"。

▶ 话又说回来了。这种浮石真好玩，捡几块带回学校，放在水池里漂浮着，同学们准会羡慕得要命。如果能用它做一艘石头船，就能漂浮在水面上，准会叫同学们惊奇得睁大了眼睛。

并不顽固的 "花岗岩脑袋"

《哇啦哇啦报》消息，信不信由你

来到华山的人抬头一看，没有一个人不感到惊奇。

哎呀！这里的崖壁真陡峭，简直像是用斧头劈开的。

为什么华山特别陡峭？因为这是花岗岩山峰啊。

为什么花岗岩山峰这么陡峭？因为花岗岩特别坚硬，不像别的岩石那样松软，它能够抵抗风霜雨雪的侵蚀，长期保持原来的形状。所以花岗岩山峰与众不同，显得特别锋利挺拔，形成了华山

 想一想 猜一猜

- 花岗岩山地都非常陡峭，"花岗岩脑袋"都顽固不化，这还用说吗？

- 那可不一定，说不定有的就不一样。

- 这个问题我弄不明白，我不回答。

我是小小科学家

花岗岩的成分主要是石英、长石和云母。因为石英特别坚硬，所以花岗岩很坚硬。

华山地处干燥的北方，化学风化（主要指岩石成分造成的风化）不明显，物理风化（外力造成的风化）比较强烈。沿着岩体里面几组互相交叉的裂缝裂开，就能形成种种棱角分明的山石、陡峭如削的崖壁，装点出奇峭的山岳风光了。

香港的花岗岩就不一样了。香港的山地虽然主要也是花岗岩，却没有陡峭的崖壁，山头非常低矮圆浑。

为什么同样是花岗岩，香港的花岗岩地形却和华山大不相同？

因为香港地区湿热多雨，化学风化非常强烈。花岗岩里面的云母和长石很容易风化成黏土，被雨水冲走。单粒的石英虽然很坚硬，却没有办法生根，也被一股脑儿地冲走了。整个花岗岩体完全土崩瓦解了，表面覆盖了一层厚厚的风化壳，再也挺立不起来，只能形成一座座貌不惊人的小山包了。这就是花岗岩并非到处都是一个样子的秘密。坚硬的花岗岩可以发生变化，为什么一些所谓的"死脑筋"不能跟着变化，还非要说花岗岩是顽固不化的象征呢？

那样壮丽的风景。

因为花岗岩不容易风化，所以人们常常用来比喻一些思想顽固不化的人，管他们叫作"花岗岩脑袋"。

花岗岩山地是不是都是这个样子的？

"花岗岩脑袋"是不是都顽固不化？

我有些不明白，请大家来说一说吧。

? 学到了什么

▶ 花岗岩的主要成分是石英、长石、云母。在干燥寒冷的环境里，物理风化强烈，地形陡峭。在湿热的环境里，化学风化强烈，地形缓和。

地理七巧板

现在请你做一个有趣的游戏：把地图上的每个大洲都剪下来，看看它们能不能拼在一起。

哈哈，这难道是一个七巧板游戏？

是的，这是"地理七巧板"，比普通的七巧板大得多。

世界上第一个玩地理七巧板的人是德国科学家魏格纳。

1910 年的一天，他随手翻开世界地图，看见大西洋，忽然发现了一个有趣的现象。

瞧，弯弯的大西洋好像是一个巨大的"S"形，两边的陆地轮廓非常相似，似乎可以拼合在一起。

南美洲凸出的巴西海角，正好可以放进大西洋对面的非洲几内亚湾。不仅大致轮廓一样，细微的部分也惊人地相似。这边有一个小海湾，那边必定有一个形状相似的小

想一想 猜一猜

- 这是上帝安排的吧？
- 这是外星人的杰作。
- 这是天然生成的。
- 这只是一个巧合而已。

海角；这边有一个小海角，那边就必定有一个可以对应的小海湾。这天造地设的样子，好像是一块被掰成两半的大饼。

再看北美洲，它朝外面伸出去的加拿大纽芬兰与拉布拉多省的一部分，正好可以塞进大洋对岸法国和西班牙中间的比斯开湾。西欧的大不列颠群岛，又可以嵌入北美洲的拉布拉多海湾里。

那边和这边好像原本是一个统一的大陆，后来才分裂开的。"S"

我是小小科学家

魏格纳收集了很多材料，继续研究，发现巴西和西非的几内亚湾不仅地形轮廓相同，地质构造和古生物群也非常相似。他坚信这原本是一块统一的大陆，后来才逐渐分裂开。

1912年，他正式提出了"大陆漂移说"。认为大西洋两边的大陆原本是一个整块，后来分裂成两半，慢慢漂移开来，才变成现在这个样子。

他经过多年的精心研究，终于把简朴粗略的"大陆漂移"设想发展成为一项完整而系统的理论。最早地球上只有一个巨大的陆块，叫作联合古陆（也称泛大陆）。中生代以来，联合古陆发生分裂，它的一些碎块，也就是现在的各个大陆慢慢地漂移开来，才形成现在的大陆分布格局。

形的大西洋就像中间的裂缝。

啊，这岂不是一个天然的"地理七巧板"吗？

 学到了什么

▶ 魏格纳提出了"大陆漂移说"，一个古老的原始大陆发生分裂，逐渐漂移到现在的位置，形成了各个大陆。